职业教育示范性规划教材

机电一体化综合实训

主　编　高月宁　李萍萍
参　编　曹　卓　李胜男
　　　　曹　拓　王欣欣
主　审　张名云

电子工业出版社·

Publishing House of Electronics Industry

北京·BEIJING

内 容 简 介

"机电一体化综合实训"是职业院校机电一体化技术课程教材，适用于"机电技术应用"、"电气运行与控制"等专业。

本教材采用项目化课程模式编写，以工业自动控制中典型项目为载体，涵盖了 PLC 控制技术、变频器、触摸屏以及各种输入/输出设备等相关内容。本教材主要内容包括自动门控制系统、自动售货机控制系统、物料分拣控制系统、四层电梯控制系统四个项目模块，每个项目又分为若干个任务。

本教材可作为中、高等职业教育教材，也可以作为欧姆龙自动化初级培训教材。

图书在版编目（CIP）数据

机电一体化综合实训 / 高月宁，李萍萍主编. —北京：电子工业出版社，2014.9

职业教育示范性规划教材

ISBN 978-7-121-24244-1

Ⅰ. ①机⋯ Ⅱ. ①高⋯ ②李⋯ Ⅲ. ①机电一体化—中等专业学校—教材 Ⅳ. ①TH-39

中国版本图书馆 CIP 数据核字（2014）第 204020 号

策划编辑：白　楠
责任编辑：郝黎明
印　　刷：北京虎彩文化传播有限公司
装　　订：北京虎彩文化传播有限公司
出版发行：电子工业出版社
　　　　　北京市海淀区万寿路 173 信箱　邮编　100036
开　　本：787×1 092　1/16　印张：13.5　字数：345.6 千字
版　　次：2014 年 9 月第 1 版
印　　次：2024 年 12 月第 15 次印刷
定　　价：29.50 元

凡所购买电子工业出版社图书有缺损问题，请向购买书店调换。若书店售缺，请与本社发行部联系，联系及邮购电话：（010）88254888，88258888。

质量投诉请发邮件至 zlts@phei.com.cn，盗版侵权举报请发邮件至 dbqq@phei.com.cn。

本书咨询联系方式：（010）88254592，bain@phei.com.cn。

前　言

机电一体化技术集应用机械技术和电子技术于一体，随着计算机技术的迅猛发展和广泛应用，获得前所未有的发展，成为一门综合计算机与信息技术、自动控制技术、传感检测技术、伺服传动技术和机械技术等交叉的系统技术，目前正向光机电一体化技术（Opto-mechatronics）方向发展。

"机电一体化综合实训"是中等职业学校自动控制类专业和电类专业的骨干课程。通过本课程的学习，使学生掌握 PLC 的基本结构、工作原理和指令系统；了解 CP1H CPU 单元、CPM2A CPU 单元、变频器、触摸屏、传感器、旋转编码器和温控模块等硬件设备；初步学会使用 PLC 和变频器进行 PID 控制；学会使用 CX-Programmer 编程与录入，学会使用 CX-Designer 绘制触摸屏监控画面；掌握工业自控项目设计、设备选型、程序设计、设备安装、联机调试和故障排除等专项技能。

本教材采用项目化课程模式编写，以完成工业自动控制工程为主线，以工业控制中典型项目为载体，将 PLC 控制基础知识、变频技术和触摸屏控制、传感器、旋转编码器等光机电技术融入到各个工作任务中，体现了以能力为本位的现代职业教育理念，符合"做中学、做中教"。

本教材由高月宁、李萍萍主编，大连长城自控技术有限公司项目经理张名云主审。李萍萍编写了实训项目1自动门控制系统和实训项目4电梯控制系统，对全书进行了统稿；高月宁编写了实训项目2自动售货机控制系统，并制作了项目2和项目3的触摸屏画面部分；曹卓编写了实训项目3物料分拣控制系统和项目4的触摸屏画面制作，李胜男绘制全部插图，曹拓和王欣欣设计相关习题。在教材编写过程中，大连长城自控技术有限公司总经理李新杰、项目经理张名云、工程师李智等企业工程技术人员给予了鼎力支持，在此表示深深的感谢！

由于编写时间仓促，欠缺编写项目教学教材的经验，书中肯定存在错误与疏漏之处，希望使用本教材的广大教师和学生对教材中的问题提出宝贵意见和建议，以便进一步完善本教材。

本教材的学时分配建议参见下表。

学时分配建议

序号	项目内容	学时分配			
		合计	讲授	实训	复习考核
1	自动门控制系统	24	10	14	2
2	自动售货机控制系统	26	10	14	2
3	物料分拣控制系统	26	10	14	2
4	四层电梯控制系统	26	10	12	2
合　计		102	40	54	8

编　者

目　录

项目 1
自动门控制系统

任务 1　项目引入

1.1.1　项目任务

随着城市现代化程度的提高，在超级市场、公共建筑、银行、医院等入口处经常使用自动门控制系统，如图 1-1 所示。使用自动门，可以节约空调能源、降低噪音、防风、防尘，同时可以使出入口显得高档庄重，因此应用广泛。自动门的工作方式是通过自动门内外两侧的感应开关来感应人的出入，当人走近自动门时感应开关感应到人的存在，给控制器一个开门信号，控制器通过驱动装置将门打开。当人通过之后，再将门关上。根据入口处对自动门的要求，自动门应具有以下功能。

① 开门和关门应有手动和自动两种控制方式。

为了便于维护，自动门应有手动和自动两种控制方式。当感应开关检测到有人接近门口且门未打开，或者检测到无人接近门口而门未关闭时，应通过手动控制开门或关门。

② 紧急停止。

自动门夹人时，可闭合紧急停止开关使自动门进入开门过程。

③ 指示灯的指示功能。

图 1-1   自动门外形

自动门开始运行，绿色指示灯亮；自动门停止运行，红色指示灯亮。

本次实训设计的自动门控制系统，控制要求如下。

① 按下启动按钮 SB1 时，自动门开始运行，绿色指示灯亮；按下按钮 SB2，自动门停止运行，红色指示灯亮。

② 当微波移动探测器 S1 或 S2 检测到有人由内到外或由外到内通过时，开门接触器动作，电动机正转，带动自动门执行开门过程。

③ 当门完全打开到达开门限位开关 S3、S5 时，电动机停止运行，进行 8s 延时等待后，关门接触器动作，电动机反转，带动自动门自动进入关门过程，当门移动到关门限位 S4、S6 位置时，电动机停止运行。

④ 在关门过程中，当有人员由外到内或由内到外通过微波移动探测器 S1、S2 时，应立即停止关门，并自动进入开门程序。

⑤ 在门打开后的 8s 等待时间内，若有人员由外至内或由内向外通过光电检测开关 S2 或 S1 时，必须重新等待 8s 后，再自动进入关门过程，以保证人员安全通过。

⑥ 考虑到自动门若出现故障时，使用自动控制系统有所不适，于是设置手动开门和手动关门。

1.1.2 项目分析

自动门控制系统由 PLC 控制和动作执行元件构成。采用自动和手动控制方式，此种控制方式为目前大多自动门的控制方式。本实训项目所设计的自动门控制系统采用 PLC 为控制中心来控制传动机构实现门的自动化控制。整个系统通过触摸屏进行监控。自动门的结构图如图 1-2 所示。

S1、S2 为微波感应器，分别位于自动门上方的内侧与外侧，可探测到前方的物体，其中 S1 用于控制人由内到外自动门的开启，S2 用于控制人由外到内自动门的开启。

S3 为左侧开门限位开关，S4 为左侧关门限位开关，对左侧门的开启与关闭起到限位作用。

S5 为右侧开门限位开关，S6 为右侧关门限位开关，对右侧门的开启与关闭起到限位作用。

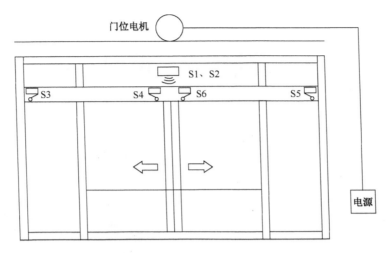

图 1-2　自动门结构示意图

根据控制要求，自动门控制系统的总流程图如图 1-3 所示。

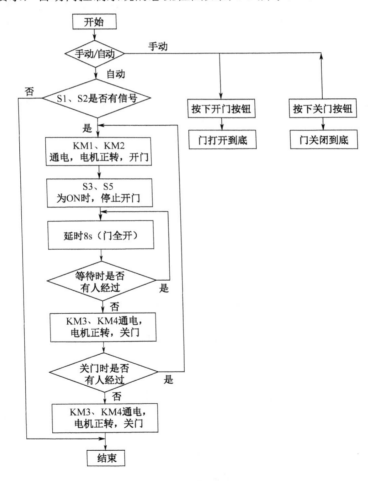

图 1-3　自动门控制流程图

任务 2　信息收集

1.2.1　PLC硬件

可编程序控制器（PLC）是将计算机技术与继电器逻辑控制概念相结合、以微处理器为基础，综合了计算机技术、自动控制技术和通信技术而发展起来的一种工业自动控制装置，它广泛应用于机械、冶金、化工、交通、电力、医药、环保和农业等领域。OMRON CP1H PLC 外形如图 1-4 所示。

图 1-4　OMRON CP1H PLC

PLC 是一种专门为在工业环境下应用而设计的数字运算操作的电子装置。它采用可以编制程序的存储器，用来在其内部存储执行逻辑运算、顺序运算、计时、计数和算术运算等操作的指令，并能通过数字式或模拟式的输入和输出，控制各种类型的机械或生产过程。PLC 及其有关的外围设备都应该按易于与工业控制系统形成一个整体，易于扩展其功能的原则而设计。

CP1H 系列整体式 PLC 由 CPU、存储器、I/O 接口、电源和通信接口等几部分组成，如图 1-5 所示。

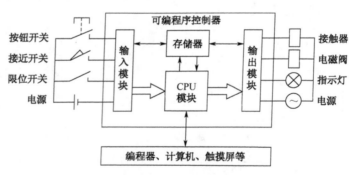

图 1-5　PLC 的硬件结构图

1．中央处理器（CPU）

CPU 是 PLC 的核心部件，在整机中起到类似于人脑神经中枢的作用，控制着其他部件的操作。CPU 一般由控制电路、运算器和寄存器组成，这些电路都集成在同一个芯片上。

CPU 的功能如下。

① 按系统程序所赋予的功能接收并存储用户程序和数据。

② 以扫描方式工作，从存储器中逐条读取指令，并存入指令寄存器中。

③ 将指令寄存器中的指令操作码进行译码，执行指令规定的任务，产生相应的控制信

号，开、关有关控制电路，根据运算结果更新有关标志和输出寄存器内容，实现输出控制、数据通信等功能。

④ 执行系统诊断程序，诊断电源、PLC 内部电路工作状态和编程过程中的语法错误。

2．输入/输出（I/O）接口

I/O 接口是 PLC 与输入/输出设备连接的部件。输入接口接收输入设备（如按钮、传感器、行程开关等）的控制信号。输出接口是将经主机处理后的结果通过功放电路去驱动输出设备（如指示灯、接触器、电磁阀等）。

3．存储器

PLC 中存储器主要用于存放系统程序、用户程序和数据。常用的存储器形式有 CMOS RAM、EPROM 和 EEPROM。

（1）系统存储器

系统存储器用来存储厂家编写的系统程序，如监控程序、指令翻译程序、系统诊断程序、通信管理程序等。这些程序存在 EPROM 存储器或 EEPROM 存储器中。

（2）用户存储器

用户存储器存放用户编写的控制程序。用户程序存放在 CMOS RAM 存储器中，或固化在 EPROM 或 EEPROM 中。CMOS RAM 存储器用锂电池保护，以防掉电后丢失存储内容。

（3）数据存储器

数据存储器用来存放输入、输出、辅助继电器、定时器、计数器、数据寄存器等数据。数据存储器使用 CMOS RAM，以满足随机存取的要求。

1.2.2 CP1H CPU的基本结构

欧姆龙 CP1H 是用于实现高速处理、高性能的程序一体化型 PLC。常用 CP1H CPU 单元包括 X 型（基本）、XA 型（带内置模拟量 I/O 端子）和 Y 型（带脉冲输入/输出端子）三种类型。CP1H（XA 型）的基本结构如图 1-6 所示。

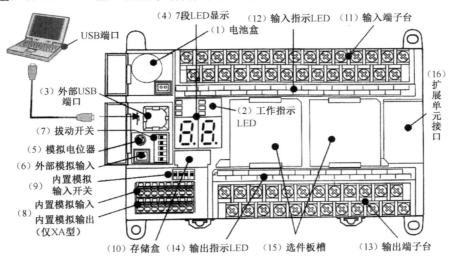

图 1-6　CP1H 的基本结构（XA 型）

1.2.3 欧姆龙CP1H PLC简介

1. CP1H CPU 单元型号的含义

CP1H CPU 单元型号含义如图 1-7 所示。

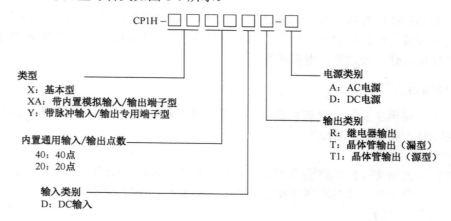

图 1-7　CP1H CPU 单元型号含义

型号 CP1H-XA40DT-D，代表输入/输出点数为 40 点、直流输入、漏型晶体管输出、直流电源电压的 CP1H 系列 XA 型 PLC CPU 单元。

2. CP1H CPU 单元输入/输出端子台

CP1H CPU 单元输入/输出端子台如图 1-8 和图 1-9 所示。

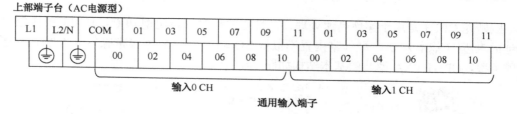

图 1-8　输入端子台

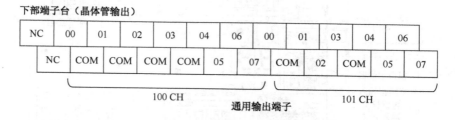

图 1-9　输出端子台

CP1H CPU 单元输入端子台如图 1-8 所示，其中，L1、L2/N 接输入交流电压，⏚是接地端；COM 是输入端子的公共端；输入 0CH（通道）中有输入接点 00～11，输入 1CH（通道）中有输入接点 00～11，共 24 个接点，地址分配是 I:0.00～I:0.11、I:1.00～I:1.11。

CP1H CPU 单元输出端子台如图 1-9 所示，其中，NC 不用；COM 是输出端子的公共端；输出 100CH（通道）中有输出接点 00～07，输出 101CH（通道）中有输出接点 00～07，共 16 个接点，地址分配是 Q:100.00～Q:100.07、Q:101.00～Q:101.07

1.2.4 CP1H PLC的软继电器

欧姆龙 CP1H PLC 的软继电器有通道 I/O（CIO）区域、内部辅助继电器（W）、保持继电器（H）、特殊辅助继电器（A）、暂时存储继电器（TR）、定时器（T）、计数器（C）、数据寄存器（D）等。下面分别予以介绍。

1. 输入继电器

输入继电器与 PLC 的输入端子相连，是 PLC 接收外部输入信号的窗口。输入继电器与输入端子是一一对应的。连接如图 1-10 所示。输入端子用于外接输入设备，如按钮开关、接近开关、限位开关、传感器等。PLC 外部输入信号读入，并存入输入寄存器中，当输入设备接通时存入"1"，断开时存入"0"。

图 1-10 PLC 输入继电器电路示意图

输入继电器是软继电器，其内部常开或常闭触点在梯形图中可以多次使用。输入继电器只能由外部硬触点驱动，而不能由程序指令驱动，其触点也不能直接驱动输出带动负载。

欧姆龙 CP1H PLC 输入继电器编号是 0.00～16.15，通道（CH）是 0～16，每个通道有 0～15 共 16 个编号。其中开始通道 0CH 和 1CH 是 CP1H CPU 单元内置输入，只有 I:0.00～I:0.11、I:1.00～I:1.11 可以连接外部输入，其余只能作为内部辅助继电器使用。

2. 输出继电器

输出继电器是 PLC 向外部负载发出控制信号的窗口，通过输出电路驱动外部负载。输出继电器与输出端子是一一对应的。图 1-11 所示是 PLC 输出继电器电路示意图。

输出端子用于连接输出设备（负载），如继电器、接触器、指示灯等。

输出继电器是一个软继电器，不能由外部信号直接驱动，只能由程序指令驱动。其内部的常开或常闭触点在程序中可以多次使用。

欧姆龙 CP1H PLC 输出继电器编号是 100.00～116.15，通道（CH）是 100～116，每个通道有 0～15 共 16 个。其中开始通道 100CH 和 101CH 是 CP1H CPU 单元的内置输出。只有 Q:100.00～Q:100.7、Q:101.00～Q:101.7 可以连接外部输出，其余只能作为内部辅助继电器使用。

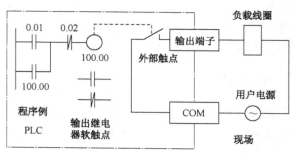

图 1-11　PLC 输出继电器电路示意图

3. 定时器

欧姆龙 CP1H PLC 定时器的编号是 T0000～T4095，用于定时器（TIM）、高速定时器（TIMH）、超高速定时器（TIMHH）等指令共用。

定时器的时钟脉冲周期有 1ms（TIMHH）、10ms（TIMH）、100ms（TIM）三种，分辨率为 1ms、10ms、100ms。定时器用常数作为设定值，设定值范围依定时器类型而定。定时器初始值为设定值，在时钟脉冲作用下进行减法计时。当定时器的条件为 ON 时，开始定时；当达到定时时间时，其触点动作；当定时器未达到定时值，如果停电或定时器条件为 OFF，则原定时时间作废，当恢复电源或定时器条件为 ON 时，重新定时。

用梯形图表示：如图 1-12（a）所示，图（b）是工作波形图。

在图 1-12（a）的梯形图中，I:0.00 为定时器线圈 T0 的条件输入触点，T0 是 100ms 定时器，#123 是定时器的十进制设定值，T0 的常开触点和常闭触点做输出 Q:100.00 和 Q:100.01 的输入触点。当 I:0.00 接通（ON）时，定时器 T0 将进行 100ms 减计数。当 I:0.00 接通时间等于 K123，即 T0 线圈通电 12.3s（0.1s×123=12.3s）时，T0 的常开触点接通，输出 Q:100.00 通电（ON），常闭触点断开，输出 Q:100.01 断电（OFF）。I:0.00 触点断开或停电，输出触点将复位。波形如图 1-12（b）所示。

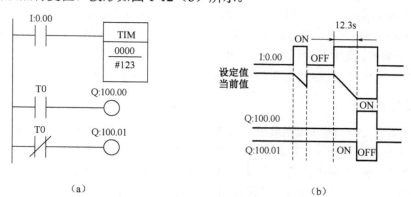

（a）　　　　　　　　　　　　　　（b）

图 1-12　定时器梯形图及工作波形

1.2.5　CP1H PLC指令系统

基本指令一般由助记符和操作元件组成。助记符是每一条指令的符号，它表明操作功能；操作元件是被操作的对象。有些指令只有助记符，没有操作元件。

1. 输入/输出指令（LD、LDNOT、OUT）

（1）输入/输出指令格式及梯形图表示方法见表 1-1。

表 1-1 输入/输出指令格式及梯形图表示方法

指 令 名 称	功　　能	梯形图表示	可操作元件
LD	常开触点与梯形图左母线连接	CIO、W、H、A、T、C　—| |—○ LD	CIO、W、H、A、T、C
LDNOT	常闭触点与梯形图左母线连接	CIO、W、H、A、T、C　—|/|—○ LDNOT	CIO、W、H、A、T、C
OUT	输出逻辑运算结果，也就是根据逻辑运算结果去驱动一个指定的线圈	CIO、W、H、A、TR　—||—||—○	CIO、W、H、A、TR
OUTNOT	执行该指令后，输出取反	CIO、W、H、A、TR　—||—||—⌀	CIO、W、H、A、TR

（2）使用说明

① 输出指令不能用于驱动输入继电器；输出指令可以连续使用，相当于线圈的并联。但是，同一梯形图中同一输出元件的编号不能出现两次及以上。

② 使用 OUT 指令后，通过触点对其他线圈使用 OUT 指令称为纵接输出。

③ 在定时器、计数器的计数线圈使用 OUT 输出指令后，必须设定常数 K。

2. 触点串联指令（AND、ANDNOT）

（1）触点串联指令格式及梯形图表示方法见表 1-2。

表 1-2 触点串联指令格式及梯形图表示方法

指 令 名 称	功　　能	梯形图表示	可操作元件
AND	常开触点与其他触点串联	CIO、W、H、A、T、C　—||—||—○ AND	CIO、W、H、A、T、C
ANDNOT	常闭触点与其他触点串联	CIO、W、H、A、T、C　—||—|/|—○ ANDNOT	CIO、W、H、A、T、C

（2）使用说明

用 AND 和 ANDNOT 指令可进行 1 个触点串联。串联触点的数目不受限制，该指令可以多次使用。

3. 触点并联指令（OR、ORNOT）

触点并联指令格式及梯形图表示方法见表 1-3。

表 1-3　触点并联指令格式及梯形图表示方法

指令名称	功　能	梯形图表示	可操作元件
OR	常开触点与其他触点并联	CIO、W、H、A、T、C　OR	CIO、W、H、A、T、C
ORNOT	常闭触点与其他触点并联	CIO、W、H、A、T、C　ORNOT	CIO、W、H、A、T、C

4．电路块并联、串联指令（ANDLD、ORLD）

并联/串联指令格式及梯形图表示方法见表 1-4。

表 1-4　并联/串联指令格式及梯形图表示方法

指令名称	功　能	梯形图表示	可操作元件
ANDLD（块与）	电路块串联	电路块A　电路块B　ANDLD	CIO、W、H、A、T、C
ORLD（块或）	电路块并联	电路块A　电路块B　ORLD	CIO、W、H、A、T、C

5．触点微分指令（@LD、%LD）

（1）触点微分指令格式及梯形图表示方法见表 1-5。

表 1-5　触点微分指令格式及梯形图表示方法

指令名称	功　能	梯形图表示	可操作元件
@LD	上升沿微分运算开始	CIO、W、H、A、T、C　@LD	CIO、W、H、A、T、C
%LD	下降沿微分运算开始	CIO、W、H、A、T、C　%LD	CIO、W、H、A、T、C
@AND	上升沿检测串联连接	CIO、W、H、A、T、C　@AND	CIO、W、H、A、T、C
%AND	下降沿检测串联连接	CIO、W、H、A、T、C　%AND	CIO、W、H、A、T、C

指令名称	功　能	梯形图表示	可操作元件
@OR	上升沿检测并联连接	CIO、W、A、H、T、C @OR	CIO、W、H、A、T、C
和%OR	下降沿检测并联连接	CIO、W、A、H、T、C %OR	CIO、W、H、A、T、C

（2）使用说明

① @LD、@AND 和@OR 指令是上升沿微分指令，仅当指定元件上升沿时（由 OFF →ON 变化时）接通 1 个扫描周期。表示方法为触点中间有 1 个向上的箭头。

② %LD、%AND 和%OR 指令是下降沿微分指令，仅当指定元件下降沿时（由 OFF →ON 变化时）接通 1 个扫描周期。表示方法为触点中间有 1 个向下的箭头。

6．置位、复位指令（SET、RSET）

（1）置位、复位指令格式及梯形图表示方法

置位、复位指令格式及梯形图表示方法见表 1-6。

表 1-6　置位、复位指令格式及梯形图表示方法

指令名称	功　能	梯形图表示	可操作元件
SET	驱动线圈，使其保持接通状态	SET R	输出 CIO、W、H、A
RSET	清除线圈，使其复位	RSET R	输出 CIO、W、H、A

（2）使用说明

① SET、RSET 指令对同一元件可多次使用，顺序也可以随意，但最后执行的指令有效。

② SET、RSET 指令必须成对使用。

7．上升沿、下降沿微分指令（DIFU、DIFD）

置位、复位指令格式及梯形图表示方法见表 1-7。

表 1-7 置位、复位指令格式及梯形图表示方法

指 令 名 称	功 能	梯形图表示	可操作元件
DIFU	输入信号的上升沿（OFF→ON）时，将 R 所指定的操作元件线圈接通 1 个扫描周期，产生一个扫描周期的脉冲输出	DIFU R	CIO、W、H、A、IR、DR
DIFD	输入信号的下降沿（ON→OFF）时，将 R 所指定的操作元件线圈接通 1 个扫描周期，1 个扫描周期后，产生一个扫描周期的脉冲输出	DIFD R	CIO、W、H、A、IR、DR

1.2.6 梯形图编程的基本知识

1．PLC 程序设计方法

（1）指令列表

语句列表是助记符程序，它由一条一条的指令组成。

（2）结构文本

该语言是属于高级语言，类似 Pascal。

（3）功能块语言

该语言使用 IEC 功能块库中的功能块产生程序，很类似过程控制工程师采用的系统描述方法。

（4）梯形图

该方法建立在传统的继电器接点和线圈之上的一种 PLC 编程方法。梯形图是一种图形语言，由触点、线圈和应用指令等组成。触点代表输入条件，如按钮、传感器、行程开关和限位开关以及内部条件等。线圈通常代表输出结果，用来控制指示灯、交流接触器、电磁阀和内部输出等。图 1-13（a）所示是电动机常动控制电气图，图 1-13（b）是它的梯形图。

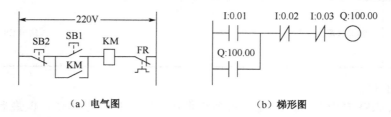

（a）电气图　　　　　　　　　　　（b）梯形图

图 1-13 梯形图例

（5）顺序功能图

该方法是一种图解方法。它的特点是将一个控制过程划分为许多工作步，只要满足转移条件，就可以从一个工作步转移到另一个工作步。顺序功能图又简称 SFC 图。

2．PLC 梯形图编程中几个基本概念

（1）能流

在梯形图中，能流信号是假想出来的，不真实存在。能流信号在梯形图中只能单向流

动，即只能从左向右流动，层次的改变只能先上后下。

（2）软继电器

梯形图中的输入继电器、输出继电器、辅助继电器等不是真实的硬继电器，而是在软件中使用的编程元件，称为软继电器。对应软继电器的线圈只能有一个，而对它的触点状态，可以无数次的读出，既可以是常开又可以是常闭，触点既可以串联又可以并联。

（3）常开/常闭触点

梯形图中每个触点为 ON 或 OFF，取决于分配给它的操作数位的状态，如图 1-14 所示。

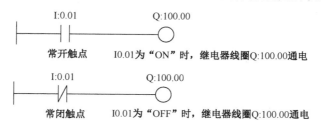

图 1-14　常开/常闭触点

如果操作数位是"1"，则继电器线圈通电，常开触点为 ON，常闭触点 OFF。

如果操作数位是"0"，则继电器线圈断电，常开触点为 OFF，常闭触点 ON。

（4）执行条件

在梯形图中，一条指令的前面的常开、常闭等触点的逻辑组合产生了执行条件，执行条件具备与否，决定指令的状态。对于继电器线圈类的指令，执行条件为 ON（执行条件具备），对应线圈得电；而执行条件为 OFF（执行条件不具备），对应线圈失电。对于功能性指令，执行条件为 ON（执行条件具备，则对应功能指令的执行；而执行条件为 OFF（执行条件不具备），对应功能指令不执行。

继电器的线圈、功能指令动作（执行）条件=（得电条件）AND（失电条件）

（5）梯级

各种常开、常闭触点的一个逻辑组合又称为一个梯级。

3. 梯形图设计规则

① 梯形图按自上而下、从左至右的顺序排列，每个梯级以触点开始，以线圈或功能指令结束。

② 软继电器的触点可以使用无数次，但是继电器线圈在一个程序中只能使用一次，如果使用两次或两次以上，称为双线圈输出，后面那一条会覆盖前面那一条，很容易因其逻辑混乱，所以应尽量避免，但应用跳转指令除外。

③ 梯形图总是以 END 指令结束。

④ 中间继电器、定时器和计数器等功能指令不能直接产生输出，必须使用 OUT 指令才能输出。

⑤ 把串联触点最多的电路排在上方，这样可以减少或避免并联块的出现，减少程序的步数，如图 1-15 所示。

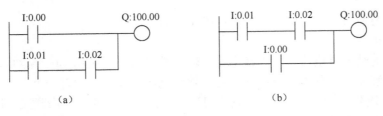

（a）   （b）

图 1-15　串联触点多的放在上方

⑥ 把并联触点最多的电路排在最左边，这样可以减少或避免串联块的出现，减少程序的步数，如图 1-16 所示。

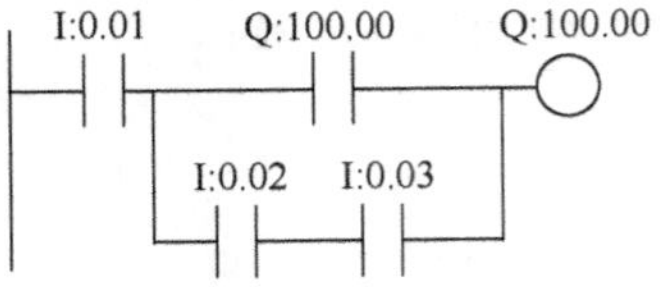

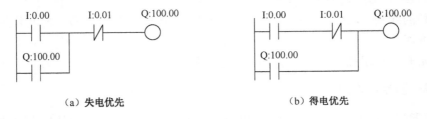

（a） 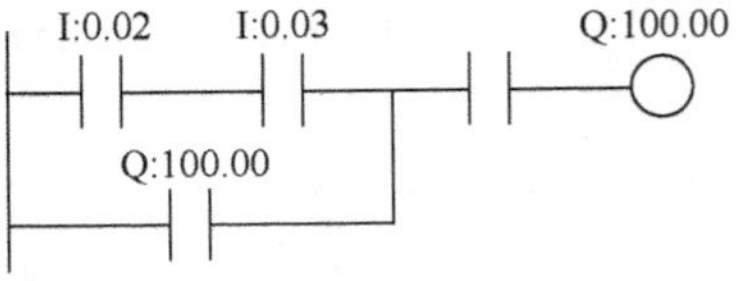   （b）

图 1-16　并联触点多的放在左方

4. 常用梯形图程序

（1）启保停控制程序

启保停控制程序是自动控制系统中最常用的启动/停止控制程序。除了类似于继电器接触器控制系统中的一般形式外，启保停控制程序还有其他形式。

"失电优先"和"得电优先"电路如图 1-17 所示，其中图 1-17（a）是失电优先电路，图 1-17（b）是得电优先电路。图 1-17 中，I:0.00 为启动按钮，I:0.01 为停止按钮。

（a）失电优先   （b）得电优先

图 1-17　控制梯形图

（2）多继电器线圈控制程序

多继电器线圈控制有很多，图 1-18 所示为可以自锁的同时控制 4 个继电器线圈的电路图。

（3）多地控制程序

对同一个控制对象（例如一台电机）在不同地点、用同样控制方式实现的控制称多地控制。可以使用并联多个启动按钮和串联多个停止按钮来实现，启动条件一般为常开触点，停止条件一般为常闭触点。

图 1-19 所示是两个地方控制一个继电器线圈的程序。其中 I:0.00 和 I:0.01 是甲地的启动和停止控制按钮，I:0.02 和 I:0.03 是乙地的启动和停止控制按钮。

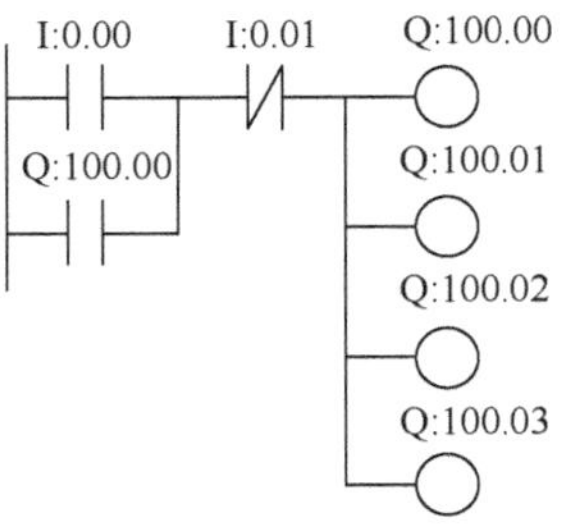

图 1-18　多继电器线圈控制程序 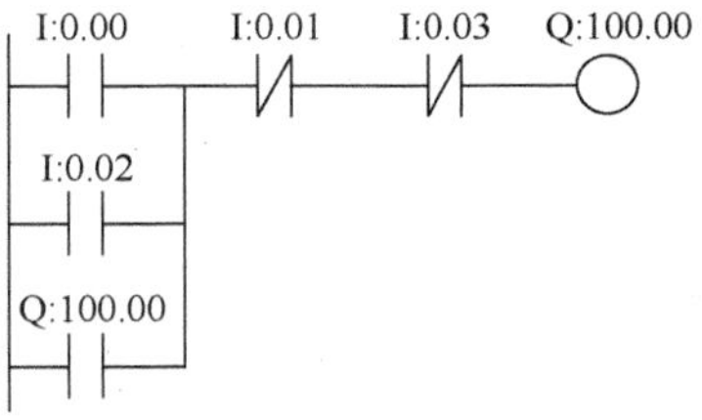　　　　图 1-19　两地控制的线圈

（4）互锁控制程序

所谓互锁控制，是指 2 个以上自锁控制电路之间有互相封锁的控制关系。启动其中 1 个控制电路，其他控制电路就不能再启动了，即受到已启动电路的封锁。只有将启动电路的负载停止后，其他控制元件才能被启动。这些控制电路之间有优先权。图 1-20 所示是 3 个梯级互锁的电路。其中 I:0.00、I:0.01、I:0.02 为启动按钮，I:0.03 为停止按钮。Q:100.00、Q:100.01、Q:100.02 任意一个有输出时，都无法启动其他两个继电器，必须先停止当前继电器才能启动。

（5）互控程序

所谓互控，是指在多个控制元件中，任意启动其中之一，而且只能启动一个控制元件；若要启动下一个控制元件，无需按动停止按钮，便可启动，而已启动的控制元件自行停止。

图 1-21 所示的互控电路中，I:0.00、I:0.01、I:0.02 中任意一个闭合，就可以启动 Q:100.00、Q:100.01、Q:100.02 中对应的一个，而关闭其他两个。若 I:0.00、I:0.01、I:0.02 同时按下，可以同时启动 Q:100.00、Q:100.01、Q:100.02。

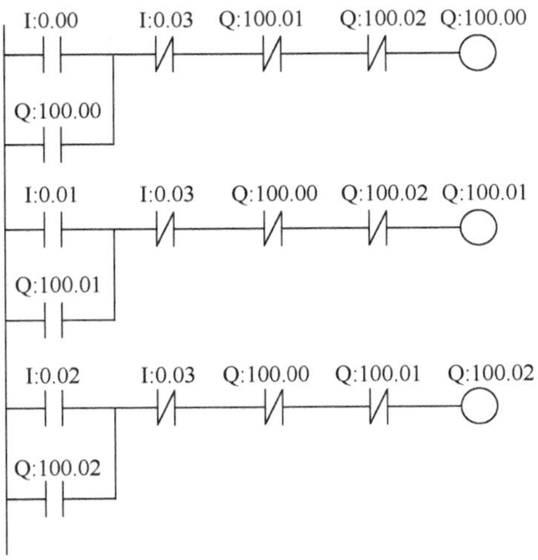

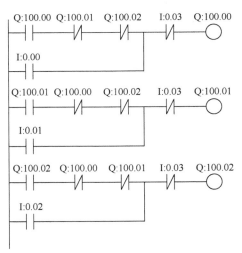

图 1-20　3 个梯级的互锁控制程序　　　　图 1-21　互控程序

（6）单向顺序控制程序

互锁控制中单向顺序封锁控制顺序启动程序如图 1-22 所示。该梯形图中，只有 Q:100.00 运行了，Q:100.01 才能运行，只有 Q:100.00 和 Q:100.01 都运行了，Q:100.02 才能运行。图

中 I:0.00、I:0.01、I:0.02 为启动按钮，I:0.03 为总停止按钮。

（7）时间控制程序

① 瞬时得电和延时失电程序。

瞬时得电和延时失电程序如图 1-23 所示。当启动按钮 I:0.00 闭合，Q:100.00 得电，当停止按钮 I:0.01 闭合后，定时器 T0 开始定时，定时时间到的时候，Q:100.00 失电。

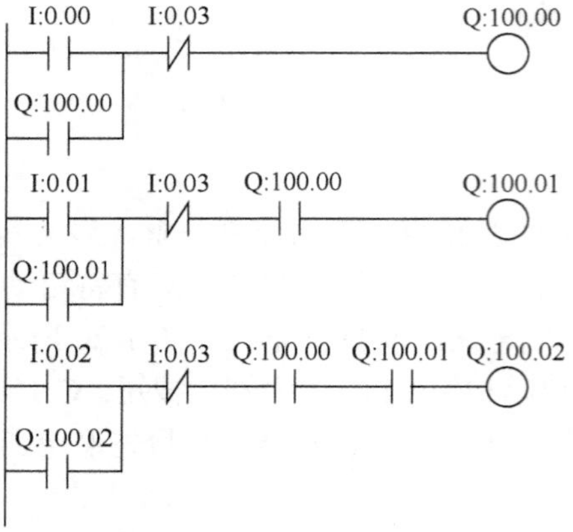

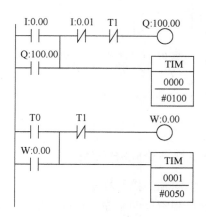

图 1-22　顺序启动程序 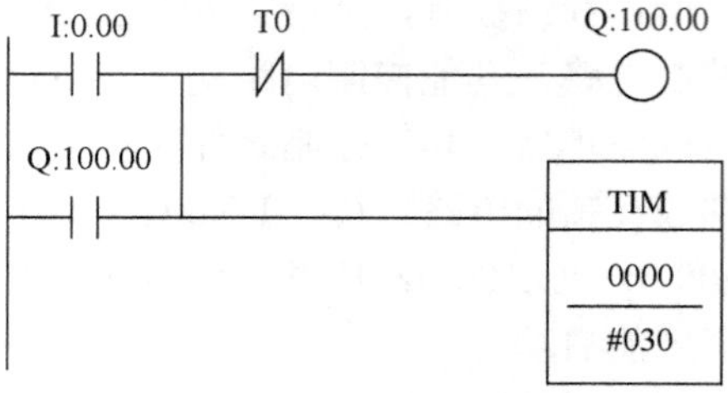　　　　　　　　图 1-23　瞬时得电和延时失电程序

② 延时得电和延时失电程序。

延时得电和延时失电程序如图 1-24 所示。当启动按钮 I:0.00 闭合，定时器 T0 开始定时，定时 10S 时间到，Q:100.00 得电。当停止按钮 I:0.01 闭合，定时器 T1 开始定时，5s 时间到，Q:100.00 失电。

③ 定时器接力程序。

定时器接力程序如图 1-25 所示。图 1-25 中 I:0.00 启动定时器 T0，并使 Q:100.01 得电自锁。当 T0 定时时间到，定时器 T1 开始定时，当 T1 定时时间到，Q:100.00 失电。

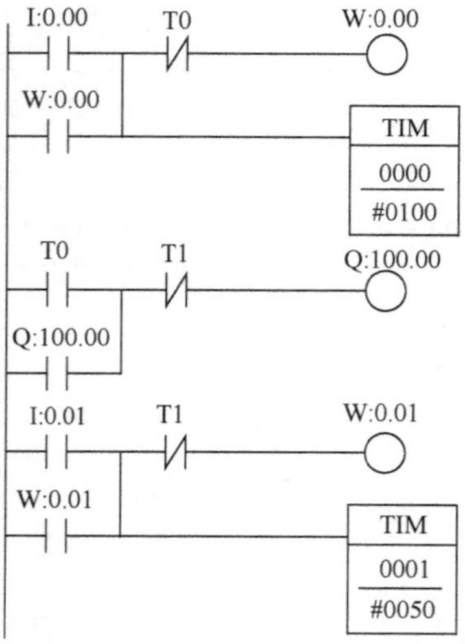

图 1-24　延时得电和延时失电程序　　　　　图 1-25　定时器接力程序

④ 单向定时步进程序。

在自动流水线的控制中，通常需要控制多台机器，而这些机器一般情况下需要分时启动，即要求机器按顺序逐台启动。图1-26所示的是顺序启动3台机器的梯形图。

图中I:0.00是启动按钮，I:0.01是停止按钮。按下启动按钮I:0.00时，M1为ON并自锁。同时T1、T2和T3开始定时，当T1达到设定值10s时，Q:100.00为ON；当T2达到设定值20s时，Q:100.01为ON；当T3达到设定值30s时，Q:100.02为ON，3个输出Q:100.00、Q:100.01和Q:100.02按顺序启动。当按下停止按钮I:0.01时，3个输出同时停止。

⑤ 三灯轮流闪烁程序。

三灯轮流闪烁程序如图1-27所示。该程序使用了定时器，利用定时器获得三个灯的闪烁时间。当启动按钮I:0.00，Q:100.00得电并自锁，同时启动定时器T0。当T0定时时间到，使Q:100.01得电并自锁，同时使Q:100.00失电和启动T1。当T1定时时间到，使Q:100.02得电并自锁，同时使Q:100.01失电和启动定时器T2。当T2定时时间到，使Q:100.00得电并自锁，同时启动定时器T0，并使Q:100.02失电，如此循环。I:0.01为停止按钮。

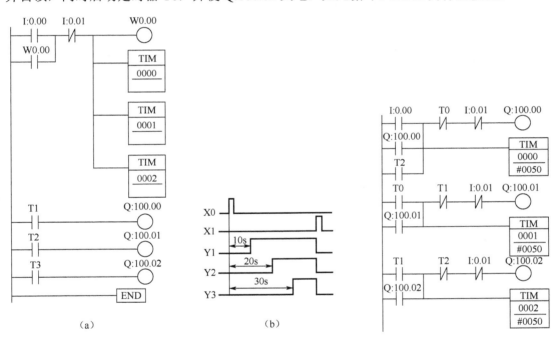

图1-26 单向定时步进程序 　　　　图1-27 三灯轮流闪烁程序

1.2.7 自动门感应器

自动门感应器是属于控制感应器类的一类传感器产品，它通过微波、红外感应实现了门开关的自动化。主要用于自动门、旋转门、快速卷帘门、工业滑升门等。

1. 微波感应器

又称微波雷达，对物体的移动进行反应，因而反应速度快，适用于行走速度正常的人员通过的场所，它的特点是一旦在门附近的人员不想出门而静止不动，雷达便不再反应，自动门就会关闭，有可能出现夹人现象。

微波感应器工作原理：

微波移动探测器外形如图 1-28 所示，使用直径 9cm 的微型环形天线做微波探测，其天线在轴线方向产生一个椭圆形半径为 0～5m（可调）的空间微波戒备区，当人体活动时其反射的回波和微波感应控制器发出的原微波（或频率）相干涉而发生变化，这一变化量经微波专用微处理器进行检测、放大、整形、多重比较以及延时处理后，由白色导线输出电压控制信号。

2．红外感应器

红外感应器通过对物体的温度识别，来确定物体的存在并进行反应，不管人员是否移动，只要处于感应器的扫描范围内，它都会反应，红外感应器的反应速度比微波感应器慢，其外形如图 1-29 所示。

图 1-28　微波感应器外形

图 1-29　红外感应器

查一查

① 通过网络查阅相关资料，了解微波移动探测器在现实生活中有哪些应用？
② 到电子市场调研，微波移动传感器的型号与价位（至少三种）。

1.2.8　行程开关

行程开关又称限位开关，用于控制机械设备的行程及限位保护，其外形见图 1-30，符号见图 1-31。在实际生产中，将行程开关安装在预先安排的位置，当装于生产机械运动部件上的模块撞击行程开关时，行程开关的触点动作，实现电路的切换。因此，行程开关是一种根据运动部件的行程位置而切换电路的电器，它的作用原理与按钮类似。行程开关广泛用于各类机床和起重机械，用以控制其行程，进行终端限位保护。在电梯的控制电路中，还利用行程开关来控制开关轿门的　图 1-30　行程开关速度、自动开关门的限位，轿厢的上、下限位保护。行程开关按其结构可分为直动式、滚轮式、微动式和组合式。

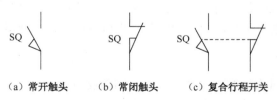
（a）常开触头　　（b）常闭触头　　（c）复合行程开关
图 1-31　行程开关符号

任务 3　计划决策

本阶段请各小组针对项目的目标与要求设计一个工作计划，这一计划主要包括以下四个方面。

1.3.1　计划工作步骤

PLC 控制系统设计通常包括如下步骤。

① 根据生产工艺和控制要求，画出控制系统的工作流程图或时序图。

② 根据设备对控制的要求，安排输入/输出设备，然后进行 I/O 分配。所谓 I/O 分配，就是给每个输入/输出设备分配一个 PLC 编号，并列出 I/O 分配表，同时可进行现场硬件接线。

③ 根据控制要求，使用编程软件 CX-Programmer 设计梯形图程序。为了阅读及调试时方便，在设计梯形图时，通常要加标注。标注要与现场信号和 I/O 分配表的注释相同。

④ 梯形图编辑完成后，进行在线模拟调试。

⑤ 在线调试正确后，将程序下载到 PLC 中，进行带负载模拟程序调试。

⑥ PLC 控制系统现场调试，验收后交给用户。

1.3.2　岗位分工

工作小组人员分工，明确岗位职责，将岗位分工情况填写在表 1-8 中。

表 1-8　项目 1 岗位分工表

人　员	岗　位	职　责

1.3.3　时间安排

工作任务时间安排应合理，将时间安排情况填写在表 1-9 中。

表 1-9　项目 1 时间安排表

工 作 任 务	时 间 分 配	负 责 人

任务4 项目实施

1.4.1 硬件选型

根据自动门控制系统的工作过程，需要使用 2 个感应传感器、4 个行程开关，另外需要 1 个系统启动按钮、1 个手动开门按钮、1 个手动关门按钮、1 个停止按钮，所以一共有 10 个输入信号，即输入点数为 13 点，共需要 PLC 的 13 个输入端子。工作过程要求两个门电动机能够正转和反转，并有运行与停止指示灯，一共有 5 个输出信号，所以共需要 PLC 的输出点数为 5 点。因此选用 CP1H-XA40DT-D CPU 主机单元即可满足控制要求。所需主要元器件见表 1-10。

表 1-10 项目 1 硬件设备及其型号

序号	设 备 名 称	符号	型 号 规 格	单位	数量
1	可编程序控制器	PLC	CP1H-XA40DT-D-A	台	1
2	断路器	QS1	DZX4-60/3P	个	1
3	断路器	QS2	DZX4-60/2P	个	1
4	熔断器	FU	RT18-32/6A	个	1
5	热继电器	FR		个	2
6	交流接触器	KM	MY2N-D2-J	个	4
7	自动/手动转换开关	SA		个	1
8	启动按钮	SB1		个	1
9	停止按钮	SB2		个	1
10	手动开门按钮	SB3		个	1
11	手动关门按钮	SB4		个	1
12	室内微波感应器	S1	HB100	个	1
13	室外微波感应器	S2	HB100	个	1
14	左侧门关门限位开关	SQ1	LX19	个	1
15	左侧门开门限位开关	SQ2	LX19	个	1
16	右侧门关门限位开关	SQ3	LX19	个	1
17	右侧门开门限位开关	SQ4	LX19	个	1
18	启动指示灯	L1		个	1
19	停止指示灯	L2		个	1
20	交流电动机	M	JW6314	台	2

1.4.2 电路设计与绘制

1. 主电路设计与绘制

自动门控制主电路图如图 1-32 所示。

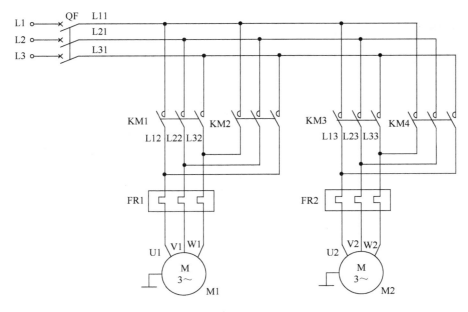

图 1-32　自动门控制主电路图

左右两侧自动门由两台电动机拖动，为了实现各自的开关门控制，电动机要求能够正反转，所以需要 4 个交流接触器。为了防止电动机发生过载，需要安装热继电器。图 1-32 中，QF 表示空气断路器，主要控制电路的通断。

2. 列出 PLC 输入/输出地址分配表

根据确定的输入/输出点数，输入/输出地址分配见表 1-11。

表 1-11　自动门控制系统 I/O 分配表

输　入　信　号			输　出　信　号		
序号	名　称	地　址	序号	名　称	地　址
1	M1 过载保护	0.00	1	左侧开门接触器	100.00
2	M2 过载保护	0.01	2	左侧关门接触器	100.01
3	启动按钮	0.02	3	右侧开门接触器	100.02
4	手动开门按钮	0.03	4	右侧关门接触器	100.03
5	手动关门按钮	0.04	5	启动指示灯	100.04
6	停止按钮	0.05	6	停止指示灯	100.05
7	室内微波感应器	0.06			
8	室外微波感应器	0.07			
9	左侧门关门限位开关	0.08			
10	左侧门开门限位开关	0.09			
11	右侧门关门限位开关	0.10			
12	右侧门开门限位开关	0.11			
13	自动/手动转换开关	1.01			

3. 控制电路设计与绘制

根据地址分配表可以确定 PLC 输入、输出接线，控制电路如图 1-33 所示。

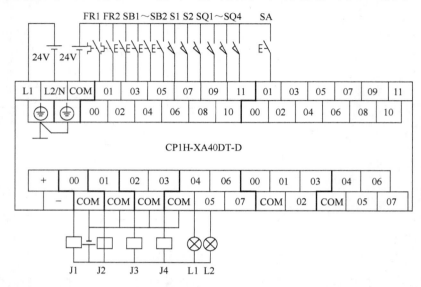

图 1-33　控制原理图

1.4.3　安装电路

1. 认识 PLC 实训柜

PLC 实训柜面板及柜内布局如图 1-34 和图 1-35 所示。

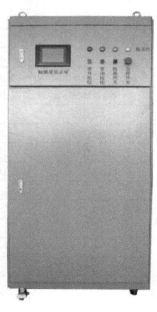

图 1-34　实训柜面板

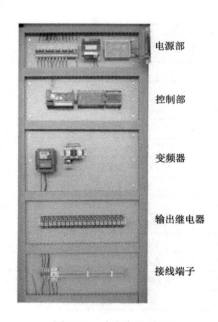

图 1-35　实训柜内布局

（1）PLC 实训柜面板

在 PLC 实训柜面板上含有 NS5-SQ10B-ECV2 触摸屏显示屏、指示灯和开关三部分。开关部分有绿色的常开按钮、红色的常闭按钮、黑色的转换开关和红色的急停开关，可以按工程要求使用。

（2）PLC 实训柜门背面

PLC 实训柜门背面结构如图 1-36 所示。

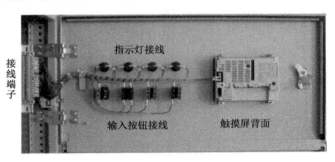

图 1-36　PLC 实训柜门背面布局图

PLC 实训柜门背面由 4 部分构成，即触摸屏背面、指示灯和开关接线部分和接线端子。接线端子用于连接指示灯和开关。

（3）PLC 实训柜内部布局

PLC 实训柜内部由电源部、控制部、变频器、输出继电器和接线端子排 5 部分组成。

① 电源部由断路器、电源变压器和直流电源组成。断路器分别控制实训柜中各个电器。电源变压器为实训柜提供稳定的交流电源。直流电源输出 24V 直流电压，为 PLC 和输入/输出设备提供 24V 直流电源。布局参见图 1-37。

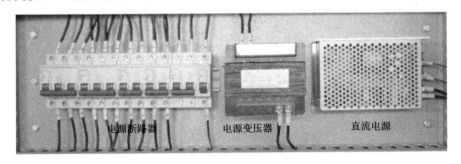

图 1-37　电源部布局图

② 控制部由欧姆龙 CP1H-XA40DT-D CPU 单元、CPM1A-40EDR I/O 单元和 CPM1A-TS002 温度模块组成。布局参见图 1-38。

③ 变频器由 3G3MX2 和接触器构成。布局参见图 1-39。

④ 输出继电器由 20 个 24V 直流继电器构成，用于连接 PLC 和输出设备，以防止损坏 PLC。布局参见图 1-40。

⑤ 输出接线端子排由 55 对接线端子组成，用于扩展输出端子。布局参见图 1-41。

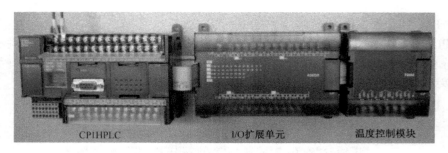

CP1HPLC   I/O扩展单元   温度控制模块

图 1-38　控制部细部布局图

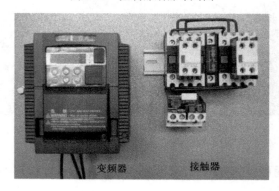

变频器   接触器

图 1-39　变频器布局图

输出继电器

图 1-40　输出继电器布局图

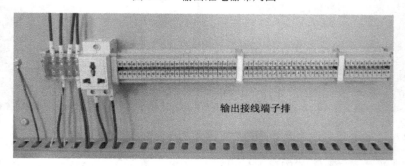

输出接线端子排

图 1-41　输出接线端子排布局图

2. 接线规则

布线过程中，主电路和控制电路分开连接。布线过程的主要工艺要求如下。

① 各电气元件与行线槽之间的外露导线，应走线合理，并应尽可能做到横平竖直，变换走向要垂直。

② 各电气元件接线端子上引入或引出的导线必须经行线槽进行连接。

③ 一般一个接线端子只能连接两根导线。

④ 进入行线槽内的导线要完全置于行线槽内，并应尽可能避免交叉。

3. 安装电路

（1）清点工具和仪表

根据项目的具体内容选择工具与仪表，并放置在相应的位置，见表1-12。

表 1-12　项目1工具与仪表登记表

序号	工具与仪表名称	型号与规格	数量	作用
1	一字螺丝刀	100mm		
2	一字螺丝刀	150mm		
3	十字螺丝刀	100mm		
4	十字螺丝刀	150mm		
5	尖嘴钳	150mm		
6	斜口钳			
7	剥线钳			
8	电笔			
9	万用表			

（2）按照电路原理图进行布线

接线说明见表1-13。

表 1-13　接线说明

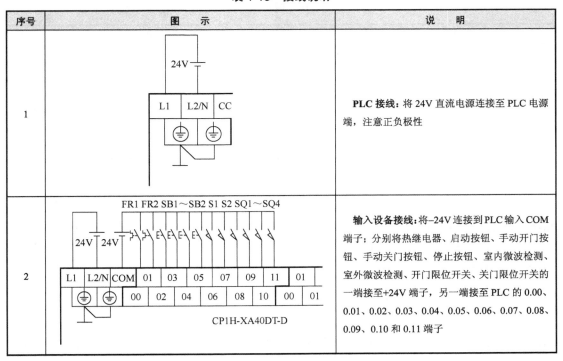

序号	图　示	说　明
1	（24V；L1 L2/N CC）	**PLC接线**：将24V直流电源连接至PLC电源端，注意正负极性
2	FR1 FR2 SB1～SB2 S1 S2 SQ1～SQ4；24V 24V；L1 L2/N COM 01 03 05 07 09 11 01 / 00 02 04 06 08 10 00 01；CP1H-XA40DT-D	**输入设备接线**：将−24V连接到PLC输入COM端子；分别将热继电器、启动按钮、手动开门按钮、手动关门按钮、停止按钮、室内微波检测、室外微波检测、开门限位开关、关门限位开关的一端接至+24V端子，另一端接至PLC的0.00、0.01、0.02、0.03、0.04、0.05、0.06、0.07、0.08、0.09、0.10和0.11端子

序号	图　示	说　明
3	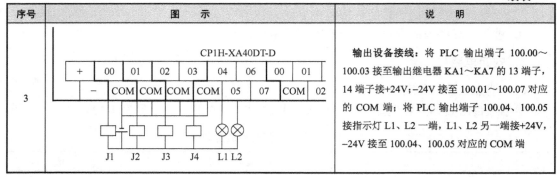	输出设备接线：将 PLC 输出端子 100.00～100.03 接至输出继电器 KA1～KA7 的 13 端子，14 端子接+24V；−24V 接至 100.01～100.07 对应的 COM 端；将 PLC 输出端子 100.04、100.05 接指示灯 L1、L2 一端，L1、L2 另一端接+24V，−24V 接至 100.04、100.05 对应的 COM 端

4．检查电路

安装完成后，必须按要求检查电路。该功能检查可以分为两种。

① 按照电路图进行检查，对照电路图逐步检查是否错线、掉线，以及接线是否牢固等。

② 使用万用表检测。将电路进行功能模块划分，根据电路原理使用万用表检查各个模块的电路，若结果有误，应使用方法一进行逐步排查，以确定故障点。

1.4.4　控制程序设计

启保停控制程序设计方法：对于某一输出，确定启动条件、保持方法和停止条件三个要素后，将其代入如图 1-17（a）所示的标准梯形图中，即可设计出梯形图程序，参见表1-14。当有多个启动条件或多个停止条件时，将启动条件并联、停止条件串联即可。

表 1-14　启保停控制程序设计方法

三　要　素	常　用　触　点	梯　形　图
启动条件	常开触点，并联	启动　　停止　　输出
保持方法	该阶梯输出的常开触点与启动条件并联，称为自保持或自锁	
停止条件	常闭触点，串联	自保持

1．系统启动/停止控制程序

系统启动/停止控制程序如图 1-42 所示。系统化自动运行启动和启动指示灯可作为并联输出。转换开关 I:1.01 为 OFF 时，系统处于自动运行状态。按下启动按钮 I:0.02，系统自动运行启动，W0.01 为 ON，同时启动指示灯点亮；按下停止按钮 I:0.05，系统停止 W:0.02 为 ON，停止指示灯点亮。

2．自动/手动开门控制程序

自动/手动开门控制程序如图 1-43 所示。当微波感应器检测到有人进出信号时，启动自动开门控制，W0.03 为 ON，自动开门和手动开门分别启动左侧开门接触器和右侧开门接触器。当左侧、右侧开门到位后，开门接触器为 **OFF**，开始 8s 定时，8s 时间到自动开门 **W0.03** 为 **OFF**，同时启动关门接触器。在定时的过程中如果检测到有人，则停止定时，继续保持开门。

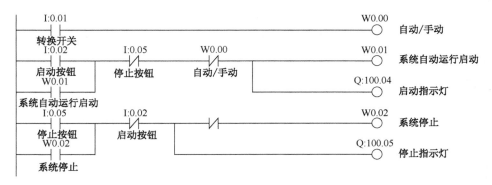

图 1-42　系统启动/停止控制程序

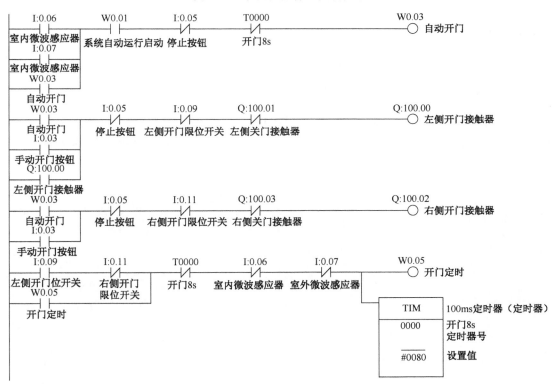

图 1-43　自动/手动开门控制程序

3. 自动/手动关门控制程序

开门定时 8s 后，开启自动关门控制，中间继电器 W0.06 为 ON，左侧关门接触器和右侧关门接触器接通，执行关门动作，关门过程中，如果检测到有人进出则停止关门动作，如图 1-44 所示。

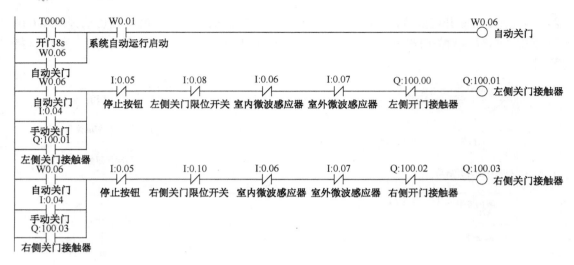

图 1-44 自动/手动关门控制程序

1.4.5 程序录入

在此仅介绍 CX-Programmer 简单的操作方法。

1. 打开 CX-Programmer 编程软件

双击 图标，进入 CX-Programmer 编程软件。出现如图 1-45 所示初始界面。

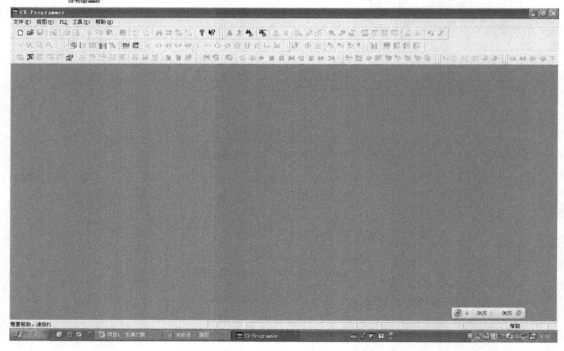

图 1-45 初始界面

2. 建立新的 PLC 程序

单击左上角 □ 新建图标，建立新的 PLC 程序，出现如图 1-46 所示对话框。在"设备类型"中选择"CP1H"，然后单击"确定"，进入如图 1-47 所示程序编辑界面。

图 1-46　设备类型选择界面

图 1-47　程序编辑界面

3. 定义程序名称

光标双击"程序名：新程序 1"，出现如图 1-48 所示对话框。在对话框中输入"自动门控制系统"，按回车键，程序名称定义完毕。

4. 程序录入方法

图 1-47 中所示的光标，在编辑一条过程中会自动跟

图 1-48　定义程序名称

随，不需手动移动。一条编辑结束后，需要手动将光标放到下一条的起始位置。每次都把光标放到条的起始位置，用快捷键或图标工具录入触点、输出和应用指令。使用图标工具画竖线：将竖线图标放至欲画竖线位置，单击一次画竖线，单击两次取消竖线。使用图标工具画横线：将横线图标放至欲画横线位置，单击一次画横线，单击两次取消横线。录入微分指令：单击指令编辑对话框中的"详细资料"，通过选中"None"、"上升"和"下降"来选择或取消。指令删除使用"删除键"或"退格键"。行删除与插入在编辑菜单中。常用快捷键见表 1-15。记住这些快捷键，可以提高程序录入速度。程序录入过程中，字母输入不分大小写。

表 1-15　常用快捷键

快 捷 键	功　　能	快 捷 键	功　　能
C	常开触点	Ctrl+↓	画竖线
/	常闭触点	H	画横线
W	"或"常开触点	Alt+M	指令表语言
X	"或"常闭触点	Alt+D	梯形图语言
O	输出	Ctrl+F7	程序检查
Q	输出非	Ctrl+O	程序保存
I	应用指令		

5. 程序录入

以快捷键程序录入方法为例，图标录入方法与其类似，读者可自行验证。

（1）系统启动/停止控制程序的录入

系统启动/停止控制程序梯形图如图 1-49 所示。

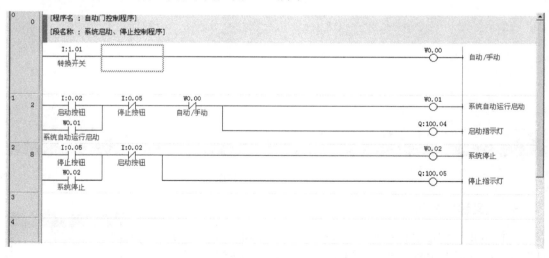

图 1-49　系统启动/停止控制程序梯形图

① I:1.01 触点按键：C →回车→1.01→回车→录入"转换开关"→回车。

② W0.00 输出按键：O →W0.00→回车→录入"自动/手动"→回车。

③ I:0.02 触点按键：C→回车→0.02→回车→录入"启动按钮"→回车。

④ I:0.05 触点按键：/→0.05→回车→录入"停止按钮"→回车。

⑤ W0.00 触点按键：/→W0.00→回车→录入"停止按钮"→回车。

⑥ W0.01 输出按键：O→W0.01→回车→录入"系统自动运行启动"→回车。

⑦ 或 W0.01 触点按键：W→W0.01→回车。

⑧ Q:100.04 输出按键：Ctrl+↓画 1 段竖线，O→10004→回车→录入"启动指示灯"→回车。

⑨ I:0.05 触点按键：C→回车→0.05→回车。

⑩ I:0.02 触点按键：/→0.02→回车。

⑪ W0.02 输出按键：O→W0.02→回车→录入"系统停止"→回车。

⑫ 或 W0.02 触点按键：W→W0.01→回车。

⑬ Q:100.05 输出按键：Ctrl+↓画 1 段竖线，O→10005→回车→录入"停止指示灯"→回车。

（2）手动/自动开门控制程序的录入

手动/自动开门控制程序梯形图如图 1-50 所示。

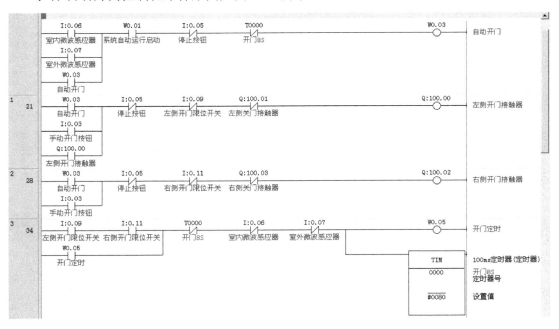

图 1-50 手动/自动开门控制程序梯形图

① I:0.03 触点按键：C→0.09→回车。

② I:0.03 触点按键：C→0.11→回车。

③ T0000 触点按键：/→T→回车→0→回车→录入"开门 8s"→回车。

④ I:0.06 触点按键：/→0.06→回车。

⑤ I:0.07 触点按键：/→0.07→回车。

⑥ W0.05 触点按键：C→100.05→回车 →Ctrl +→画 1 段横线→Ctrl+↓画 1 段竖线。

⑦ T0000 定时器按键：Ctrl+↓画 1 段竖线,I→TIM→空格→0→空格→#80→回车。

（3）手动/自动关门控制程序的录入

手动/自动关门控制程序的录入读者可自行完成。

（4）程序检查

程序录入完成后，应检查程序是否有语法等错误。按下快捷键 Ctrl+F7 或单击 🐝 图标，出现如图 1-51 程序检查界面。在下方的窗口中显示出检查结果，如图中显示 0 错误、0 警告，说明程序无错。程序检查无误后，要保存程序。

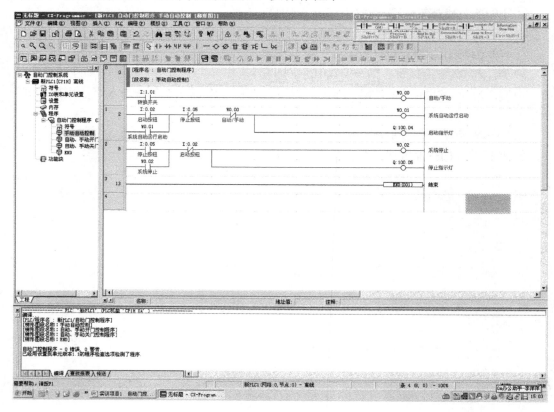

图 1-51　程序检查界面

6. 程序保存

梯形图程序编辑完成后要保存。单击保存图标🖫，出现如图 1-52 程序保存对话框，在文件名称处输入"停车场门禁控制"，选取保存路径后，单击"保存"，程序将保存在指定路径的盘中。

7. 指令表程序

在程序编辑状态下，使用快捷键 Alt+M，得到如图 1-53 所示的指令表程序。再次按下 Alt+D 组合键，返回梯形图程序。

程序录入过程中，无需录入"END"指令，因为 END 指令是默认的。

图 1-52　保存对话框

条	步	指令	操作数	值	注释
0	0	LD	I:1.01		转换开关
	1	OUT	W0.00		自动/手动
1	2	LD	I:0.02		启动按钮
	3	OR	W0.01		系统自动运行启动
	4	ANDNOT	I:0.05		停止按钮
	5	ANDNOT	W0.00		自动/手动
	6	OUT	W0.01		系统自动运行启动
	7	OUT	Q:100.04		启动指示灯
2	8	LD	I:0.05		停止按钮
	9	OR	W0.02		系统停止
	10	ANDNOT	I:0.02		启动按钮
	11	OUT	W0.02		系统停止
	12	OUT	Q:100.05		停止指示灯
3	13	END (001)			

图 1-53　指令表程序

1.4.6　在线模拟调试

在编辑状态下，单击下拉菜单"模拟"，选择"在线模拟"，如图 1-54 所示。

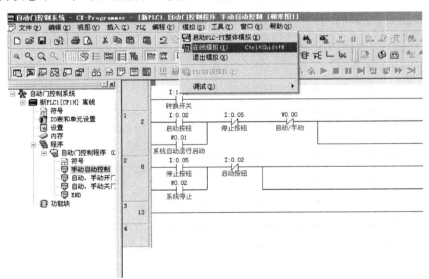

图 1-54　进入在线模拟

出现如图 1-55 所示模拟调试界面。绿色表明触点输出为"ON"，否则为"OFF"，连续绿色代表信息流。光标放到触点上，按鼠标右键，在下拉菜单中左键可以单击"强制"→"on"或"强制"→"off"（图 1-56）。如果模拟调试过程发现程序有问题，要进行程序修改。模拟调试结束后，要退出模拟调试程序。上述模拟调试是根据工作流程图进行的，与实际工作情况相符。

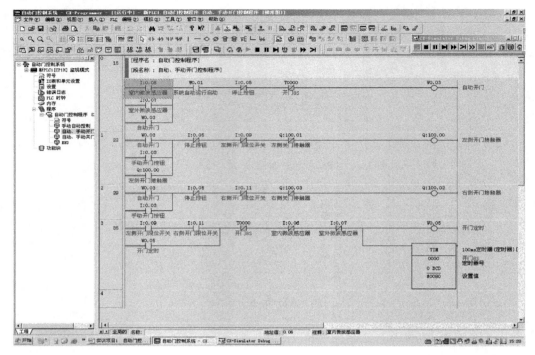

图 1-55　模拟调试界面

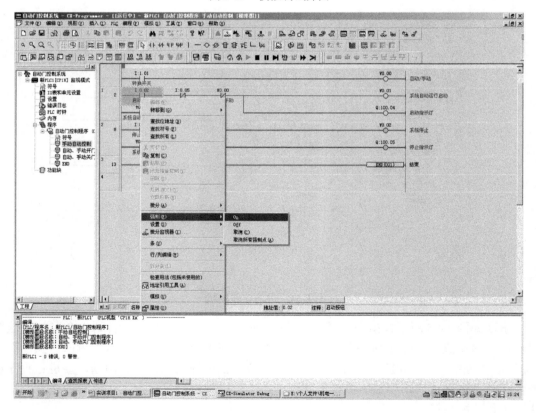

图 1-56　强制 ON/OFF 界面

1.4.7 联机调试与故障排除

1. 上电调试运行

在联机调试之前，要逐项检查硬件接线，保证所有接线正确。教师检查无误后，进行下步操作。

2. 程序下载

在主电路和 PLC 接线、程序模拟调试完成后，将自动门控制程序下载到 PLC 中。程序下载过程如下。

① 通过 USB 电缆将计算机连接到 PLC 上。

② 打开自动门控制程序。单击 图标，或使用快捷键"Ctrl+W"，出现如图 1-57 所示界面，单击"是"后，进入在线工作状态。

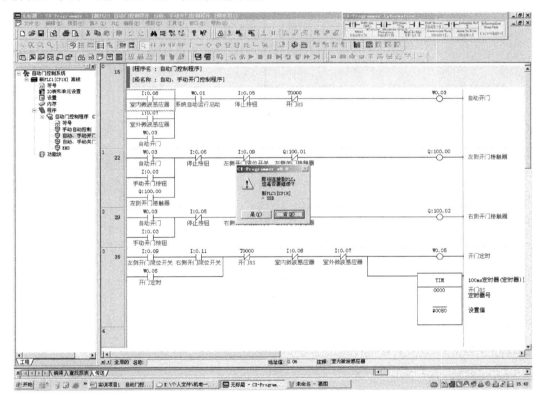

图 1-57　程序下载界面

③ 单击"PLC"下拉菜单，单击"传送"，选择"到 PLC"，单击选择"程序"，单击确定，出现如图 1-58 所示选择对话框。选择"确定"。

④ 进入如图 1-59（a）所示对话框。单击"是"，进入如图 1-59（b）所示对话框。

⑤ 单击"是"后，进入程序下载进度对话框，如图 1-60（a）所示。程序下载完成后，单击"确定"，进入如图 1-60（b）所示对程序下载完成对话框。

⑥ 单击"是"后，进入带载监视运行模式，即可进行联机调试了。

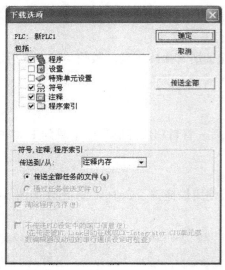

图 1-58　选择对话框

（a）

（b）

图 1-59　确认对话

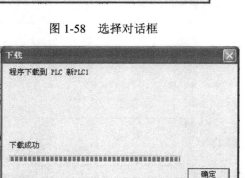

（a）程序下载进度对话框

（b）程序下载完成对话框

图 1-60　程序下载对话框

3．联机调试

在联机调试过程中，梯形图程序进入监视状态，与上述模拟调试过程所见基本相同，并与实际工作过程一致。将调试结果记录在下面。

> 描述调试结果

4．故障排除

在联机调试过程中，如果出现故障，应先排除故障后再调试。

（1）故障排除步骤

故障排除过程中，首先应检查梯形图程序，如触点是否有错、输出是否有错、逻辑关系是否正确、连线是否正确，有没有短路等，直至所有故障都排除为止。再检查 PLC 输入与输出接线情况，以保证输入设备和输出设备都接在正确的端子上。

（2）常见典型故障及原因

① PLC 输出端子指示灯没有点亮，输出端子未接通。出现此故障，可能的原因有：

（a）得电条件没有接通。

（b）失电条件接通。

（c）输出线圈接通时间过短，使人眼观察不到接通过程。

（d）硬件接线有误。

（e）CX-Programmer 模式切换不对，在运行或监控模式下才能产生运行结果。

（f）程序没有运行，程序下载选项选择有误。

② 编译不通过。

（a）程序中有双线圈错误。

（b）输入指令格式有误。

（c）输入/输出点超出范围。

③ 程序无法下载。

（a）程序下载选项选择有误。

（b）PLC 型号选择错误。

（c）USB 插口没有插好，或者没有安装硬件。

调试过程中遇到问题及解决方案

任务 5　项目评价

1.5.1　项目实施任务单

填写表 1-16。

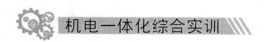

表 1-16　项目 1 实施任务单

组号		成员		得分	
一、任务分析	1．阅读控制要求，分析输入/输出并总结控制要点 （1） （2） （3） （4） （5） （6） （7） （8） 2．分配地址，完成 I/O 分配表 3．绘制工作流程图时出现的问题 （1） （2） （3） （4） （5） （6） （7） （8） （9）				
二、工作职责与 分工	在工作实施时岗位的分工轮换情况				
	组员 A		组员 B		
三、任务实施	1．绘制 SFC 图时出现的问题，及 SFC 图勘误				
	2．在 CX-Programmer 软件中编写梯形图（注意停止条件的添加）。在录入中出现的问题 （1） （2） （3） （4） （5）				

续表

三、任务实施	3. 在线仿真 出现问题　　　　　　　　解决方法
	4. PLC 程序的下载 （1）PLC 程序下载时出现的问题及解决方法
四、知识拓展	

1.5.2 项目实施评价表

填写表 1-17。

表 1-17　项目 1 实施评价表

班级		姓名		组号		成绩	
工序	实施记录		教师评价	评价内容		自评	互评
一、I/O 分配表（15 分）	完成时间			1. 能完成输入/输出点数的分析 2. 能完整填写出 I/O 分配表 3. 能将输入/输出点与对应的 SFC 的状态结合，能说出 PT 的输入/输出对应状态			
	输入点数						
	输出点数						
二、流程图及 SFC 图（25 分）	完成时间			1. 能绘制出流程图，且流程图合理，状态和转换条件准确 2. 能对应流程图绘制出 SFC 图，状态步，转换条件和输出动作准确 3. SFC 图绘制格式规范			
	流程图绘制计时						
	流程图绘制准确						
	状态数						
	转换条件确定情况						
	规范程度						
三、梯 形图（50 分）	完成时间			1. 能根据 SFC 图转换成梯形图。 2. 能使用 CX-Programmer 软件录入检查程序 3. 正确添加停止条件			
	步数						
	逻辑错误数						
	停止条件正确						
	程序顺利下载						
	能否完成功能						
四、其他 （10 分）	1. 自觉遵守 6S 管理规范，尤其遵守实训室安全规范						
	2. 自我约束力较强，小组成员间能良好沟通，团结协作完成工作						
	3. 能自主学习相关知识，有钻研和创新精神						
	4. 对自己及他人的评价客观、真诚，真实反映实际情况						

1.5.3 项目评价表

填写表1-18。

表1-18 项目1评价表

考核项目		考核内容		项目分值	自我评价	小组评价	教师评价
考核项目	专业能力60%	1. 工作准备的质量评估	（1）器材和工具、仪表的准备数量是否齐全与检验的方法是否正确 （2）辅助材料准备的质量和数量是否适用 （3）工作周围环境布置是否合理、安全	10			
		2. 工作过程各个环节的质量评估	（1）工作顺序安排是否合理 （2）计算机编程软件使用是否正确 （3）图纸设计是否正确规范 （4）导线的连接是否能够安全载流、绝缘是否安全可靠、放置是否合适 （5）安全措施是否到位	20			
		3. 工作成果的质量评估	（1）程序设计是否功能齐全 （2）电器安装位置是否合理、规范 （3）程序调试方法是否正确 （4）环境是否整洁干净 （5）其他物品是否在工作中遭到损坏 （6）整体效果是否美观	30			
	综合能力40%	信息收集能力	基础理论收集和处理信息的能力；独立分析和思考问题的能力	10			
		交流沟通能力	编程设计、安装、调试总结 梯形图程序设计方案	10			
		分析问题能力	梯形图程序设计、安装接线、联机调试基本思路、基本方法研讨 工作过程中处理程序设计	10			
		团结协作能力	小组中分工协作、团结合作能力	10			
备注			强调项目成员注意安全规程及行业标准，本项目可以小组或个人形式完成				

项目验收后，即可交付用户。

任务6 项目拓展

PLC 工作原理如下。

1. 循环扫描

PLC 有运行（RUN）和停止（STOP）两种模式。在运行模式，为了使 PLC 的输出及时地响应输入，用户程序不断地重复执行直至停止，这种周而复始的工作方式叫循环扫描工作方式。

除了执行用户程序外，在每次扫描过程中，PLC还要完成内部处理、通信处理等工作，一次循环可分为五个阶段，如图 1-61 所示。由于 CPU 执行指令的速度极快，从外部输入/输出关系来看，处理过程似乎是同时完成的。

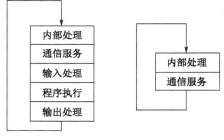

图 1-61　扫描过程

（1）内部处理

在内部处理阶段，PLC 检查 CPU 内部硬件是否正常，监控定时器复位，以及完成其他内部工作。

（2）通信服务

在通信服务阶段，PLC 与其他 PLC 或模块进行通信。

（3）输入处理

在 PLC 的存储器中设置了一片区域存放输入信号和输出信号，分别称为输入寄存器和输出寄存器。在输入处理阶段，PLC 把外部输入部件的通和断状态读入输入寄存器。当外部输入接通时，对应的输入寄存器为"1"，对应梯形图中的常开触点接通（ON），常闭触点断开（OFF）。当外部输入断开时，对应的输入寄存器为"0"，对应梯形图中的常开触点断开（OFF），常闭触点闭合（ON）。

（4）程序执行

在程序执行阶段，即使输入信号发生了变化，输入寄存器状态也不会改变。PLC 的用户程序由若干条指令组成，在存储器中按步序号顺序排列。在无跳转指令时，CPU 从第一条指令开始，逐条顺序地执行用户程序，直到用户程序结束。在执行指令时，从输入寄存器将输入元件的 0/1 状态读出来，并根据指令执行逻辑运算，将运算结果写入输出寄存器中。

（5）输出处理

在输出处理阶段，CPU 将输出寄存器的 0/1 状态传送到输出锁存器。若梯形图中某输出继电器"通电"，则输出寄存器为"1"。经输出模块隔离和功率放大后，输出继电器线圈通电，其常开触点闭合，外部负载通电工作。若梯形图中某输出继电器"断电"，则输出寄存器为"0"，输出继电器线圈断电，其常开触点断开，外部负载断电，停止工作。

2．扫描周期

PLC 在运行工作方式下，执行一次如图 1-61 所示的扫描操作的时间称为扫描周期，其典型值为 1～100ms。扫描周期与用户程序长短、指令种类和 CPU 速度有关。

3．PLC 的工作原理

下面用三相异步交流电动机启动、停止控制例子来说明 PLC 的工作原理。

（1）电气控制电路

图 1-62 所示是三相异步交流电动机启动、停止的电气控制电路图，图 1-62（b）是工作波形图。图中 SB1 是启动按钮（常开）、SB2 是停止按钮（常闭）、FR 是过载保护热继电器（常闭）、KM 是交流接触器。

电气控制工作原理如下。

按下启动按钮 SB1。因 SB1 常开触点、SB2 常闭触点和 FR 常闭触点均闭合，KM 线圈得电，主常开触点闭合，接通电动机的电源，电动机运行。同时，KM 的辅助常开触点接通；放开 SB1 后，因 KM 辅助触点、SB2 常闭触点和 FR 常闭触点仍闭合，KM 线圈仍得电，电动机继续运行，KM 的这种功能叫"自锁"或"自保持"。

按下停止按钮 SB2，常闭触点断开，KM 线圈失电，主触点断开，电动机断电停止，KM 的辅助常开触点也断开。放开停止按钮 SB2 后，由于 SB1 和辅助触点 KM 断开，所以 KM 线圈仍失电。

图 1-62（b）画出了工作波形，图中用高电平表示 1 状态（按钮被按下、线圈通电），用低电平表示 0 状态（按钮放开、线圈断电）。图 1-62 所示的控制电路称为"启动—保持—停止"电路，简称"启保停"电路。

（2）PLC 控制电路

当使用 OMRON 系列 PLC 对上述电路进行控制时，控制原理图参见图 1-63。

图 1-63（a）为 PLC 的外部接线图。启动按钮 SB1、停止按钮 SB2 和热继电器 FR 的触点分别接在编号为 I:0.01、I:0.02 和 I:0.03 输入端子上，交流接触器 KM 的线圈接在编号为 Q:100.01 的输出端子上。图 1-63（b）是这 4 个输入/输出对应的寄存器；图 1-63（c）是PLC 的梯形图。图中 I:0.01、I:0.02 和 I:0.03是输入软继电器，分别对应硬触点 SB1、SB2和 FR，其状态存在输入寄存器 I:0.01、I:0.02

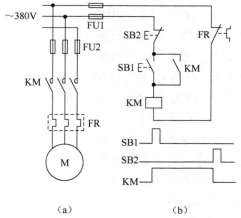

图 1-62　异步电动机启动—保持—停止控制电路

和 I:0.03 中；Q:100.01 是输出软继电器，对应硬输出线圈 KM，其状态存在输出寄存器Q:100.01 中。工作波形与图 1-62 相似，只是将图中的硬触点 SB1、SB2 和 KM 换为软触点 I:0.01、I:0.02 和 I:0.03 即可。

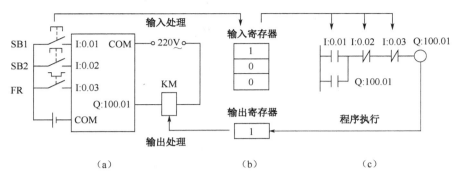

图 1-63　PLC 控制原理图

梯形图以指令形式储存在 PLC 的用户程序存储器中，图 1-63 中的梯形图程序如下。

程序步	指令	操作数	说　　明
0	LD	I:0.01	取接在左母线上 I:0.01 常开触点
1	OR	Q:100.01	将 Q:100.01 常开触点与 I:0.01 常开触点并联
2	ANDNOT	I:0.02	I:0.02 常闭触点与并联的触点组串联
3	ANDNOT	I:0.03	I:0.03 常闭触点串联
4	OUT	Q:100.01	Q:100.01 线圈输出

（3）PLC 控制循环扫描工作原理

① 输入处理阶段

CPU 将 SB1、SB2 和 FR 的状态读入输入寄存器，接通时存入"1"，反之存入"0"。

② 程序执行阶段

执行第 1 条指令时，从输入寄存器 I:0.01 中取出数据并保存。执行第 2 条指令时，从输出寄存器 Q:100.01 读取数据，与 I:0.01 相"或"。

执行第 3 条和第 4 条指令时，分别从输入寄存器 I:0.02 和 I:0.03 读取数据，因为是常闭触点，所以取反后与前面的运算结果相"与"，存入结果寄存器。

执行第 5 条指令时，将结果寄存器中的数据送入 Q:100.01 输出寄存器。

③ 输出处理阶段

CPU 将输出寄存器中的数据传送给输出模块并锁存，如果 Q:100.01 输出寄存器的二进制数是 1，外接 KM 线圈得电，反之失电。程序执行一次后，再返回程序步 1，重新开始第 2 次循环，第 3 次循环……周而复始，直至停止。

项目 1 测评

1. 选择题

（1）PLC 是在（　　　）基础上发展起来的。

　　A. 电气控制系统　　　　　　　　　　B. 单片机控制系统

    C．工业计算机   D．机器人

（2）PLC 不能控制的设备是（   ）。

    A．数控机床   B．轧钢机   C．包装机   D．汽车

（3）（   ）是 PLC 的核心部件，在整机中起到类似于人脑中枢的作用，控制着其他部件的操作。

    A．CPU   B．存储器   C．I/O 接口   D．通信接口

（4）欧姆龙 CP1H PLC 的输入继电器编号是 0.00～16.15，只有（   ）可以连接外部输入，其余只能作为内部辅助继电器使用。

    A．I:0.00～I:0.15、I:1.00～I:1.11   B．I:0.00～I:0.11、I:1.00～I:1.11

    C．I:0.00～I:0.11、I:1.00～I:1.15   D．I:0.00～I:0.15、I:1.00～I:1.15

（5）欧姆龙 CP1H PLC 定时器的编号是 T0000～T4095，T0 是 100ms 定时器，请问 T0 定时器属于（   ）。

    A．TMHH（超高速定时器）   B．TIMH（高速定时器）

    C．TIM（定时器）   D．TIML（低速定时器）

（6）（   ）程序设计方法是建立在传统的继电器节点和线圈之上的一种 PLC 编程方法。

    A．指令列表   B．结构文本

    C．顺序功能图   D．梯形图

（7）安装接线过程中应符合接线规则，请问下列叙述中不正确的是（   ）。

    A．各电气元件与行线槽之间的外露导线，应走线合理，并应尽可能做到横平竖直、变换走向要垂直

    B．各电气元件接线端子上引入或引出的导线必须经线槽进行连接

    C．一般一个接线端子只能连接三根导线

    D．布线过程中，主电路和控制电路分开连接

（8）PLC 的工作状态为 STOP 时，不会进行（   ）过程。

    A．自诊断   B．通信   C．采样   D．扫描

（9）对于上升沿指令，下列说法正确的是（   ）。

    A．在输入信号为 ON 时，上升沿指令输出一个扫描周期的信号

    B．在输入信号由 ON 变 OFF 时，上升沿指令输出一个扫描周期的信号

    C．在输入信号由 OFF 变 ON 时，上升沿指令输出一个扫描周期的信号

    D．在输入信号持续期间，上升沿指令输出一个与输入信号相同的信号

（10）OR 是指令是（   ）指令。

    A．或   B．与   C．非   D．或非

（11）下列快捷键全部正确的是（   ）。

    A．W 常开、X 常闭、O 相或、H 画竖线

    B．C 常开、/常闭、O 输出、H 画横线

    C．C 常开、/常闭、Ctrl+M 指令表

    D．C 常开、X 常闭、I 输出、H 画横线

（12）型号 CP1H X40DR-A CPU 单元的输入和输出点数正确的是（   ）。

      A．输入 24、输出 16   B．输出 24、输入 16

      C．输入 12、输出 12   D．输入 16、输出 16

（13）OMRON CP1H CPU 单元最多可以连接的扩展单元个数是（   ）。

      A．5   B．6   C．7   D．8

（14）型号 CP1H X40DR-D 是（   ）。

      A．代表输入/输出点数为 40 点、直流输入、漏型晶体管输出、交流电源电压的 CP1H 系列 X 型 PLC CPU 单元

      B．代表输入/输出点数为 40 点、交流输入、继电器输出、直流电源电压的 CP1H 系列 XA 型 PLC CPU 单元

      C．代表输入/输出点数为 40 点、直流输入、源型晶体管输出、直流电源电压的 CP1H 系列 XA 型 PLC CPU 单元

      D．代表输入/输出点数为 40 点、直流输入、继电器输出、直流电源电压的 CP1H 系列 X 型 PLC CPU 单元

（15）PLC 的输出接口中，既可以驱动交流负载又可以驱动直流负载的是（   ）。

      A．晶体管输出接口   B．双向晶闸管输出接口

      C．继电器输出接口   D．达林顿管输出接口

2. 判断题

（1）PLC 是一种模拟运算操作的电子装置，专为在工业环境下应用而设计。（   ）

（2）输入继电器只能由外部硬触点驱动，而不能由程序指令驱动，其触点也不能直接驱动输出带动负载。（   ）

（3）输出继电器是一个软继电器，不能由外部信号直接驱动，只能由程序指令驱动。（   ）

（4）继电器的线圈、功能指令动作（执行）条件=（得电条件）OR（失电条件）。（   ）

（5）把串联触点最多的电路排在上方，这样可以减少或避免并联块的出现，减少程序的步数。（   ）

（6）微波感应器通过对物体的温度识别，来确定物体的存在并进行反应，不管人员是否移动，只要处于感应器的扫描范围内，它都会反应。（   ）

（7）热继电器为输出设备、开门显示继电器为输入设备、定时器 T0 为输出设备是正确的。（   ）

（8）所谓自锁是自己触点为自己线圈提供电流通路；所谓互锁是将常闭触点串联在对方的输出通路中。（   ）

（9）OMRON CP1H 系列 CPU 主机最大输入/输出点数是 40 点。（   ）

（10）LD 为取指令、AND 为与指令、OR 为或指令是错误的。（   ）

（11）程序模拟仿真使用的方法是将输入触点强置 ON 或强置 OFF。（   ）

（12）PLC 接线就是将 PLC 的电源线接到交流电源或直流电源上，还要将所有的输入设备和输出设备接到相应的 I/O 端子上。（   ）

（13）PLC 梯形图程序不必下载到 PLC 中，也照样能正常工作。（   ）

（14）PLC 控制系统设计简化过程是画工艺流程图、确定输入/输出设备、进行 I/O 分配、梯形图设计与模拟、硬件接线、联机调试、现场安装调试、交付用户。　　　（　　）

3．编程练习

（1）有 3 台电动机相隔 5s 启动，各运行 10s 停止，循环往复。使用比较指令完成程序设计，画出梯形图程序，并转换为指令表程序。

（2）试用比较指令设计一个密码锁控制程序。密码锁为 4 个键，若按 H65 后 2s，开照明；若按 H87 后 3s，开空调。

（3）2 个按钮 SB1 和 SB2 控制 3 盏信号灯 HL1、HL2 和 HL3。3 盏信号灯的动作时序关系如图 1-64 所示。试用定时器和区间比较指令完成 3 盏灯的控制梯形图和指令表程序。SB1 为启动按钮，SB2 为停止按钮。

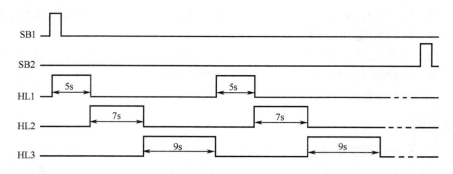

图 1-64　题 3（3）波形图

（4）试设计两地控制、掉电保护、启动优先单输出 Y0 自锁控制程序。

（5）试设计两地控制、掉电保护、停止优先多输出 Y4～Y7 自锁控制程序，并画出 PLC 接线图。

（6）试设计一个控制程序，对一台电动机进行正反转控制，正转接触器 KM1，反转接 KM2，正转由光电脉冲 X1 的上升沿启动，由限位开关 SQ1 停止；反转由该光电脉冲的 X2 下降沿启动，由另一限位开关 SQ2 停止。

（7）设计一个控制程序，对 4 台电动机 M1～M3 进行控制。M1 启动时，其余 3 台均不能启动；M2 启动，则 M1 和 M4 封锁；M4 和 M4 启动时，只封锁 M1 和 M2。画出梯形图。

（8）某轧钢机的主传动电动机 M1、循环水泵电动机 M2、供料电动机 M3、卷取电动机 M4 的启动要求应符合下列关系：① 只有 M2 启动后，M1 才能启动；② 只有 M1 和 M4 都启动后，M3 才能启动。主传动电动机 M1 的启动按钮是 SB1；循环水泵电动机 M2 的启动按钮是 SB2；供料电动机 M3 的启动按钮是 SB3；卷取电动机 M4 的启动按钮是 SB4。总停止按钮为 SB0，设计此梯形图程序。

（9）设计一个控制程序，使 Y0 启动后，定时运行 5h。要求对定时值和 Y0 的输出状态实行掉电保护，SB1 为启动按钮，SB2 为停止按钮。

（10）设计一个控制程序，按下启动按钮 SB1 延时 5s 启动 Y0，运行 2h 自动停止。应对 2h 定时值实行掉电保护，SB2 为急停按钮。

（11）设计一个控制程序，按下启动按钮 SB1 后，延时 3s 启动 Y0～Y7，按下停止按钮 SB2，延时 5s，使它们同时停止。

（12）设计一个控制程序，对 Y0、Y1、Y2 实行单向定时步进控制。当 Y0 启动 5min 后自停；又过 3min 启动 Y1，运行 5minY1 自停；再过 3min，启动 Y2，运行 5min 自停。SB1 为启动按钮，SB2 为停止按钮。启动时间关系如图 1-65 所示。

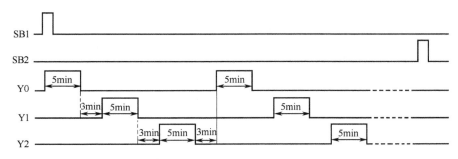

图 1-65　题 3（12）波形图

（13）用经验设计法设计满足图 1-66 所示波形的梯形图程序。其中 SB1～SB3 为启动、停止按钮，X0 为计数脉冲。

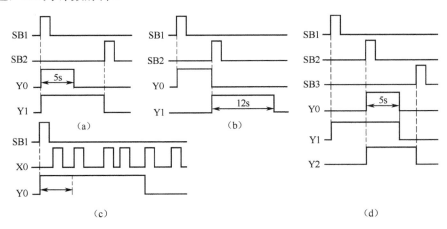

图 1-66　题 3（13）波形图

4．设计题

（1）试设计仓库门自动控制 PLC 控制程序。仓库门自动控制要求是：当人或车接近仓库门的某个区域时，仓库门自动打开，人车通过后，仓库门自动关闭，从而实现仓库门的无人管理。其自动控制系统如图 1-67 所示。

（2）试设计使用 PLC 进行水塔水位自动控制的梯形图程序。控制示意图如图 1-68 所示。控制要求如下。

① 水池水位控制

当水池水位低于低水位时，水位传感器触点 SQ3 接通（ON），打开电磁阀 V，水池进水；当水池水位高于低水位时，水位传感器触点 SQ3 断开（OFF）。当水池水位高于高水位时，水位传感器触点 SQ4 接通（ON），关闭电磁阀 V，停止进水。

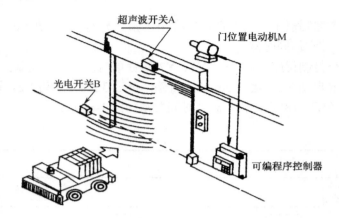

图 1-67 题 4（1）仓库门自动控制系统图

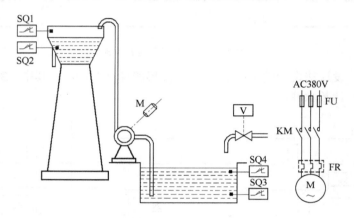

图 1-68 题 4（2）水塔水位自动控制图

② 水塔水位控制

当水塔水位低于低水位时，水位传感器触点 SQ2 接通（ON），电动机运转，水泵抽水；当水塔水位高于高水位时，水位传感器触点 SQ1 接通（ON），电动机停止运转，水泵停止抽水。

（3）用 PLC 实现小车自动往返循环控制，控制示意图如图 1-69 所示。图中，行程开关 SQ1 为原位，SQ3 为原位限位开关；SQ2 为前进位，SQ4 为前进位限位开关。控制要求如下：① 自动循环工作；② 能手动控制；③ 能单循环运行；④ 小车前进、后退 1 次为 1 个工作循环，循环 6 次后自动停在原位置。

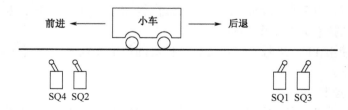

图 1-69 题 4（3）小车自动往返循环工作示意图

项目 2

自动售货机的控制

实训目的

1. 熟记自动售货机的控制功能和实现方法。
2. 学会功能指令 MOV、+B、−B、CMP 在程序中的应用。
3. 学会 SFC 程序设计方法。
4. 学会根据控制要求制作触摸屏画面，并应用触摸屏进行系统的监控和仿真。
5. 培养自主探究的学习方法以及团队协作意识，提高学习能力和沟通协调能力。

实训要求

1. 实训室内要求配备欧姆龙 PLC 控制柜，并配有欧姆龙 CP1H-XA40DT-D 型 PLC，欧姆龙 NS5-SQ10/10B-EV2 型触摸屏以及电源和基本输入/输出控制设备，计算机配置合适。
2. 实训过程中学生要严格遵守电气安装操作规程，保证人身、设备安全。
3. 在实训中渗透 6S 企业管理理念。

任务 1　项目引入

在日常生活中，在机场、火车站、广场、公园、办公大厦、校园等公共场合，自动售货机随处可见，售出商品也是五花八门，品种众多，如图 2-1 所示，是一个饮料售货机。在本项目中就以一个饮料售货机为例，用触摸屏仿真实现，控制要求如下。

图 2-1　生活中的自动售货机画面

2.1.1 项目任务

该自动售货机的动作如下。

① 按下开始按钮，交易指示灯点亮，此时可以投入 0.1 元、0.5 元或 1 元的硬币（实验时的钱币是一种假定情况，分别用 3 个按钮来实现），按确认按钮完成投币。

② 当投入的硬币数额等于或超过 1.2 元时，汽水的按钮指示灯亮；投入的硬币数额超过 1.5 元时，咖啡的按钮指示灯亮；投入的硬币数额小于 1.2 元时，售货机不能售出饮料，找零指示灯点亮，提醒顾客找零取钱。

③ 在汽水按钮灯亮的时候，按下选择汽水按钮，自动售货机排出汽水（设计以指示灯来代替），期间汽水排出指示灯闪烁，7s 后会自动停止。

④ 在咖啡按钮灯亮的时候，按下选择咖啡按钮，自动售货机排出咖啡（设计以指示灯来代替），期间咖啡排出指示灯闪烁，7s 后会自动停止。

⑤ 如果投入硬币总值超过按钮所需钱数（汽水 1.2 元、咖啡 1.5 元）时，系统提示用户取零钱，找零指示灯会亮。按下找零按钮，取钱指示灯闪烁提示顾客取钱，当自动售货机感应到钱取走后，本次交易结束。

⑥ 交易完成，系统复位，交易指示灯熄灭。等待下一次的交易。

⑦ 在一次交易过程中，每次只能售出一件商品。

根据上述售货机的动作，制作出触摸屏画面，在触摸屏上进行模拟，仿真全部工作过程，实现控制要求。

2.1.2 项目分析

1. 自动售货机的结构及功能分析

自动售货机是一台机电一体化的自动化装置，在接收到货币已输入的前提下，靠控制按钮输入信号使控制器启动相关位置的机械装置完成规定动作，将货物输出。

① 用户将货币投入投币口，货币识别器对所投货币进行识别。

② 控制器根据金额将商品可售卖信息通过选货按键指示提供给用户，由用户自主选择欲购买的商品。

③ 用户按下选择商品所对应的按键，控制器接收到按键所传递过来的信息，驱动相应部件，售出用户选择的商品到达取物口。

④ 如果有余额，自动售货机将提示顾客，顾客按下找零按钮，自动售货机退出零币。

⑤ 退币口传感器检测到有人取出零币时，完成此次交易。

2. 自动售货机的仿真模拟

由于售货机的全部功能是在触摸屏上模拟的，所以售货机的部分硬件是由计算机软件来模拟代替的。如钱币识别系统，可以用按某个"仿真对象"输出一个脉冲直接给 PLC 发布命令，而传动系统也是由计算机直接模拟的，这些并不会影响实际程序的操作，完全能模拟实际自动售货机的运行。

（1）实验状态假设

① 由于是在计算机上模拟运行的，实验中有些区别于实际情况的假设。

② 自动售货机只售出两种商品。

③ 自动售货机可以识别 1 元、0.5 元、0.1 元。

④ 自动售货机可以退币 1 元、0.5 元、0.1 元。

⑤ 自动售货机有液晶显示功能。

⑥ 试验中售货机忽略了各种故障以及缺货等因素。

（2）一次交易过程分析

为了方便分析，我们以一次交易过程为例。

① 初始状态。有电子标签显示各商品价格，显示屏显示界面，此时不能购买任何商品。

② 投币状态。按下投币按钮，显示投币框，按下所投币额，显示屏显示投入数额，当所投币额超过某商品价格时，相应商品选择按钮发生变化，提示可以购买。

③ 购买状态。此时分为三种情况。第一种情况投币额小于 1.2 元时，此时投币不足，售货机不能售出饮料，所以此时直接进入退币状态；第二种情况，投币额大于等于 1.2 元时，汽水指示灯应点亮，按下选择按钮，售货机排出汽水，7s 后，进入退币状态；第三种情况投币额大于等于 1.5 元时，此时汽水和咖啡指示灯都点亮，按下选择按钮选取一种饮料，相应饮料排出，之后进入退币状态。

④ 退币状态。按下退币按钮显示退币框，同时显示相应的退币值和数量，按下确认按钮则恢复初始状态。到此为止，自动售货机的一个完整工作结束。这也是本仿真系统的设计思想。

在清楚自动售货机运行工作过程的基础上，制定出设计方案，确定任务的目标，以设计出合理的仿真系统。

在本项目中，首先要完成控制程序的编写，其次要完成触摸屏画面的制作，这需要查找和收集一些相关信息。例如在进行仿真界面的设计时，可以去观察一下真正售货机的外观，必要时可以借助于一些宣传图片来设计自动售货机的外形，在进行 PLC 程序的编写时，需要先分配 PLC 的 I/O 点，确定编程方法和动作流程。最后进行设计结果的配合工作，经调试后，完成整个系统的设计。

任务 2　信息收集

2.2.1　软继电器

在项目 1 中学习了输入/输出继电器（CIO）和定时器（T），本项目将学习内部辅助继电器（W）、保持继电器（H）、特殊辅助继电器（A）以及数据寄存器（D）。

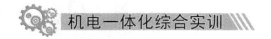

下面分别予以介绍。

1. 内部辅助继电器（W）

内部辅助继电器 W 既不能接收外部输入信号，也不能直接驱动外部负载，而仅用于程序上。内部辅助继电器有一对常开/常闭触点，在梯形图中可以多次使用，能进行强制置位/复位。

图 2-2 所示是 W 的用法。

内部辅助继电器有 W000～W511 共 512 个通道；每个通道有 16 个继电器，采用 16 进制 00～15 编号。

例如，W0 通道编号是 W 0.00～W0.15。

内部辅助继电器没有断电保持功能，即断电后无论程序运行时是 ON 还是 OFF，都将变为 OFF。

2. 保持继电器（H）

如果 PLC 在运行中突然停电，当需要保持停电前的状态，以使来电后继续进行断电前的工作时，就需要保存失电前状态的保持继电器 H。

保持继电器 H 靠 PLC 内部备用电池供电。与内部辅助继电器相同，仅可在程序上使用。图 2-3 所示是 H 的用法。

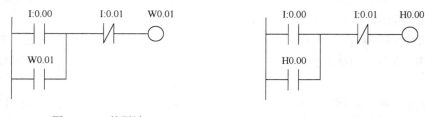

图 2-2　W 的用法　　　　　　图 2-3　H 的用法

保持继电器有 H000～H511 共 512 个通道，每个通道有 16 个继电器，采用 16 进制 00～15 编号。

例如，H1 通道编号是 H1.00～H1.15。

在 2-3 图中 I0.00 接通后，H0.00 动作，其常开触点闭合并自锁。若此时 PLC 失电，当 PLC 恢复供电后，H0.00 仍能保持动作，这并不是因为自锁，而是因为 H0.00 是保持继电器的缘故。

3. 特殊辅助继电器（A）

特殊辅助继电器 A 是用途已事先决定的继电器，包括系统自动设定的继电器和用户设定操作的继电器，由自诊断发现的异常标志、初始设定标志、操作标志、运行状态监视数据等构成。

特殊辅助继电器 A 有 A000～A447 共 448 个可读取/不可写入通道；A448～A959 共 512 个可读取/可写入通道。每个通道有 16 个继电器，采用 16 进制 00～15 编号。

特殊辅助继电器 A 不可进行持续的强制置位/复位。例如，A200.11 是开始运行标志。PLC 开始运行时，从程序模式向运行或监视模式转换时，A200.11 为 1 个扫描周期，如

图 2-4 所示。

4．数据存储器（DM）

数据存储器是以字（16 位）单位来读写的通用数据区域，用于存储数据运算、参数设置、模拟量控制和程序运行中的中间数据结果。PLC 上电（OFF→ON）或模式切换（程序模式↔运行模式／监视模式间的切换）时，数据存储区能保持断电之前或模式变更之前的数据。数据存储器不能按位进行读写，不可强制置位和复位。

CP1H 系列 PLC 的数据存储器分为 4 个区，如图 2-5 所示。

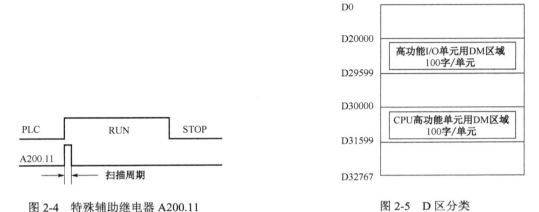

图 2-4　特殊辅助继电器 A200.11

图 2-5　D 区分类

① 特殊 I/O 单元用区域 D20000～D29599。

② 总线单元用区域 D30000～D31599。

③ Modbus-RTU 简易主站用 DM 区域，串口 1 占用 D32200～D32299，串口 2 占用 D32300～D32399。

④ 通用数据寄存器 DM 区域，D00000～D32767，其中除去特殊 I/O 单元、总线单元和 Modbus-RTU 简易主站已经占用的区域。

2.2.2　指令系统

1．计数器（C）

欧姆龙 CP1H PLC 定时器的编号是 C0000～C4095，用于计数器 CNT（BCD 方式）、可逆计数器 CNTR（BCD 方式）等共享使用。

计数器的功能：当计数脉冲每接通（ON）和断开（OFF）一次，计数器当前值减 1；当前值达到设定值时，计数器输出触点接通（ON）；当复位信号到来，计数器当前值复位到设定值，其触点也复位；当计数器未达到设定值，如果停电或计数器条件为 OFF，则原计数值保持，当恢复电源或计数器条件为 ON 时继续计数。计数器由复位输入使其复位。

梯形图如图 2-6（a）所示。图 2-6（b）是其工作波形。

在图 2-6（a）中 I:0.01 是输入脉冲，I:0.02 是复位脉冲。计数器编号是 C1，#10 是计数器的设定值，C1 的常开触点和常闭触点做输出 Q:100.01 和 Q:100.02 的输入触点。

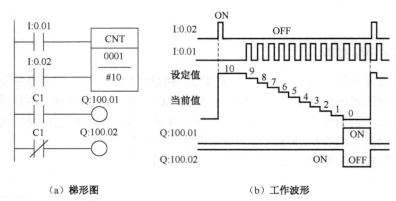

（a）梯形图　　　　　　　（b）工作波形

图 2-6　计数器

计数器的工作过程是：当 I:0.02 复位信号到来（ON）时，将计数器当前值复位到 10。计数脉冲 I:0.01 每接通（ON）→断开（OFF）1 次，计数器 C1 将进行减 1 计数。当 I:0.01 来了 10 个计数脉冲时，C1 常开触点接通，输出 Q:100.01 通电（ON），C1 常闭触点断开，输出 Q:100.02 断电（OFF）。

2. 定时器/计数器复位指令 CNR

功能：对指定范围内的定时器/计数器进行复位。

操作元件：T、C

梯形图如图 2-7 所示。

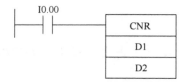

D1：指定的开始定时器/计数器
D2：指定的结束定时器/计数器

图 2-7　CNR 指令的梯形图

【例 2-1】　说明如图 2-8 所示梯形图的动作。

解： 图 2-8 中，当输入 I:0.00 为 ON 时，将 T2～T5 共 4 个定时器到时标志置于 OFF，并将定时器当前值设置为 99。

当输入 I:0.01 为 ON 时，将 C3～C7 共 5 个计数器结束标志置于 OFF，并将计数器当前值设置为 99。

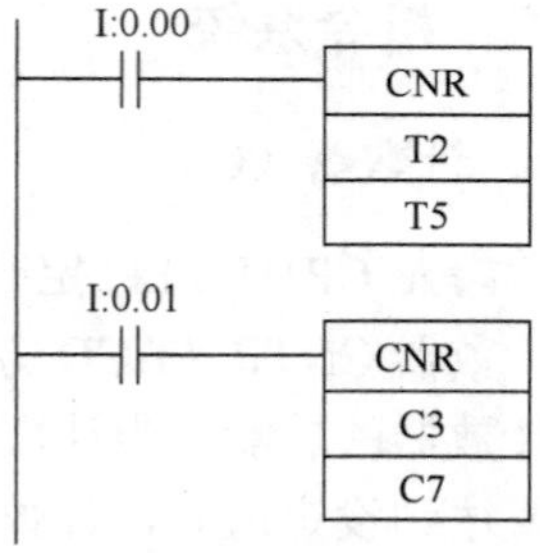

3. 传送指令

（1）传送指令 MOV

功能：将通道数据或 4 位十六进制数（#0000～#FFFF）传送至目的地通道。

操作元件：CIO、W、H、T、C、D

梯形图如图 2-9 所示。图中 S 是传送的数据，D 是目的地通道编号。

图 2-8　定时器/计数器复位指令应用

（2）倍长传送指令 MOVL

功能：将 2 通道数据或 8 位十六进制数（#00000000～#FFFFFFFF）传送至目的地 2 通道。

操作元件：CIO、W、H、T、C、D

梯形图如图 2-10 所示。图中 S 是传送数据的低位通道编号，D 是目的地低位通道编号。

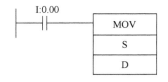

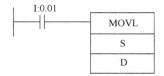

图 2-9　传送指令梯形图　　　图 2-10　倍长传送指令梯形图

【例 2-2】　说明如图 2-11 和图 2-12 所示梯形图的动作。

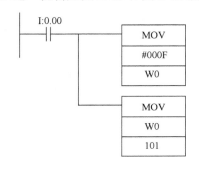

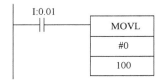

图 2-11　传送指令应用例　　　图 2-12　倍长传送指令应用例

解：在图 2-11 中，当输入 I0.00 为 ON 时，首先将十六进制$(F)_{16}=(1111)_2$传送至辅助继电器 W0 通道，然后再传送至输出继电器 101 通道，则 101 通道内的 Q:101.03、Q:101.02、Q:101.01、Q:101.00 输出为 1。

在图 2-12 中，当输入 I:0.01 为 ON 时，将 0 传送至自 100 和 101 两个输出通道内，则 Q:101.07～Q:101.00、Q:100.07～Q:100.00 共 16 个输出全部为 0。因此，传送指令可以用于数据设定。

（3）位传送指令 MOVB

功能：将 S 的指定位位置（C 的 n）的内容（0/1）传送给 D 的指定位位置（C 的 m），如图 2-13 所示。

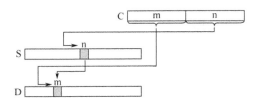

图 2-13　位传送指令 MOVB 的功能

操作元件：CIO、W、H、T、C、D

梯形图如图 2-14 所示。

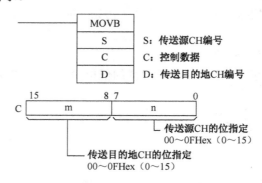

图 2-14　MOVB 指令的梯形图表示

【例 2-3】　分析如图 2-15 所示梯形图的功能。

解：假设 D200 数据寄存器的内容为 5，则当 0.00 接通时，将 D0 的位 5 传送到 D1000 的位 12，如图 2-16 所示。

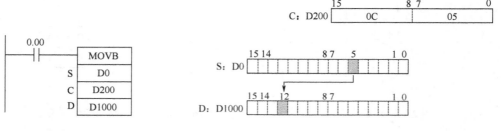

图 2-15　MOVB 应用例　　　　图 2-16　MOVB 指令分析

4. 带符号·无 CY BIN 加法运算+

功能：对通道数据和常数进行带符号 16 进制 4 位的加法运算。对 S1 所指定的数据与 S2 所指定的数据进行 BIN 加法运算，将结果输出到 D，如图 2-17 所示。

操作元件：CIO、W、H、A、T、C、D

梯形图如图 2-18 所示。

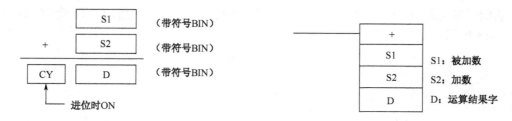

图 2-17　+运算功能示意图　　　　图 2-18　有符号无进位的二进制加法符号

说明：

● 指令执行时，将 ER 标志置于 OFF。

● 加法运算的结果，D 的内容为 0000 Hex 时，＝标志为 ON。

- 加法运算的结果，有进位时，进位（CY）标志为 ON。
- 正数+正数的结果位于负数范围（8000～FFFF Hex）内时，OF 标志为 ON。
- 负数+负数的结果位于正数范围（0000～7FFF Hex）内时，UF 标志为 ON。
- 加法运算的结果，D 的内容的最高位为 1 时，N 标志为 ON。

5. 带符号·无 CY BIN 减法运算－

功能：对通道数据和常数进行带符号 16 进制 4 位减法运算。对 S1 所指定的数据和 S2 所指定的数据进行 BIN 减法运算，并将结果输出到 D。结果转成负数时，以 2 的补数输出到 D，如图 2-19 所示。

操作元件：CIO、W、H、A、T、C、D

梯形图如图 2-20 所示。

图 2-19　+运算功能示意图　　图 2-20　有符号无进位的二进制减法符号

说明：

- 指令执行时，将 ER 标志置于 OFF。
- 减法运算的结果，D 的内容为 0000 Hex 时，＝标志为 ON。
- 减法运算的结果，有借位时，进位（CY）标志为 ON。
- 正数－负数的结果位于负数（8000～FFFF Hex）的范围内时，OF 标志为 ON。
- 负数－正数的结果位于正数（0000～7FFF Hex）的范围内时，UF 标志为 ON。
- 减法运算的结果，D 的内容的最高位为 1 时，N 标志为 ON。

【例 2-4】　分析如图 2-21 和图 2-22 所示梯形图的功能。

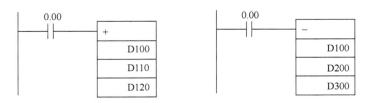

图 2-21　+运算梯形图示例　　图 2-22　－运算梯形图示例

解：如图 2-21 所示梯形图功能：D100 和 D200 进行带符号 BIN 单字相减，差输出到 D300；如图 2-22 所示梯形图功能：D100 和 D110 进行带符号 BIN 单字相加，和输出到 D120。

6. 无 CY BCD 加法运算+

功能：对 S1 所指定的数据和 S2 所指定的数据进行 BCD 加法运算，并将结果输出到 D，如图 2-23 所示。

操作元件：CIO、W、H、A、T、C、D

符号：对通道数据和常数进行 BCD 4 位加法运算，如图 2-24 所示。

说明：

● S1 或 S2 的内容不为 BCD 时，将发生错误，ER 标志为 ON。

● 加法运算的结果，D 的内容为 0000 Hex 时，＝标志为 ON。

● 加法运算的结果，有进位时，进位（CY）标志为 ON。

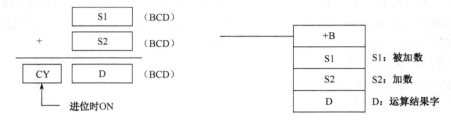

图 2-23　+B 运算功能示意图　　　　图 2-24　无进位 BCD 加法运算符号

7. 无 CY BCD 减法运算–B

功能：对 S1 所指定的数据和 S2 所指定的数据进行 BCD 减法运算，并将结果输出到 D，如图 2-25 所示。

操作元件：CIO、W、H、A、T、C、D

梯形图对通道数据和常数进行 BCD 4 位减法运算，如图 2-26 所示。

说明：

● S1 或 S2 的内容不为 BCD 时，将发生错误，ER 标志为 ON。

● 减法运算的结果，D 的内容为 0000 Hex 时，＝标志为 ON。

● 减法运算的结果，有进位时，进位（CY）标志为 ON。

图 2-25　–B 运算功能示意图　　　　图 2-26　无进位 BCD 减法运算符号

8. 无符号比较 CMP

功能：对 2 个 CH 数据或常数进行无符号 BIN 16 位（16 进制 4 位）的比较，将比较结果反映到状态标志中。

操作元件：CIO、W、H、A、T、C、D

梯形图无符号比较指令 CMP 的符号见图 2-27。

说明：

● 对 S1 和 S2 进行无符号 BIN（16 进制 4 位）的比较，将结果反映到状态标志（＞、

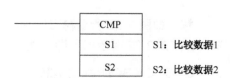

图 2-27　无符号比较指令 CMP 符号

>=.=.<>.<.<=）中。执行 CMP 指令后，>.>=.=.<=.<.<>的各状态标志进行 ON/OFF。比较结果：P-GT：大于；P-LT：小于；P-EQ：等于；P-LE：小于等于；P-GE：大于等于。如图 2-28 所示。

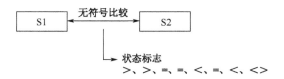

图 2-28　无符号比较指令的功能

【例 2-5】　分析如图 2-29 所示梯形图的功能。

解：当 0.01 接通时，将 D1 和十进制数 20 和 5 进行比较，若比较结果大于 20，则辅助继电器 W0.00 得电，比较结果小于 5，则 W0.01 得电；当 W0.00 或 W0.01 得电时，Q:100.00 有输出。

9. 无符号倍长比较 CMPL

功能：对 2 CH 的 CH 数据或常数进行无符号 BIN 32 位（16 进制 8 位）的比较，将比较结果反映到状态标志中。

操作元件：CIO、W、H、A、T、C、D

梯形图如图 2-30 所示。

说明：

将 S1 和 S2 作为倍长数据进行无符号 BIN（16 进制 8 位）比较，将结果反映到状态标志（>.>=.=.<>.<.<=）中，如图 2-31 所示。

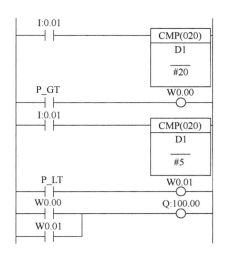

图 2-29　CMP 指令应用示例

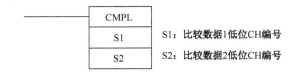

图 2-30　无符号倍长比较指令 CMPL 的符号

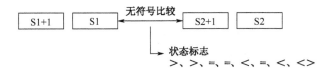

图 2-31　无符号倍长比较指令 CMPL 的功能

2.2.3　顺序控制功能图 SFC

所谓顺序控制，就是按照预先规定的生产工艺顺序，在输入信号的作用下，根据内部状态和时间顺序，各个机构自动而有秩序地进行操作。

1. SFC 基础

（1）顺序控制功能图 SFC

下面以实际例子来介绍 SFC 及应用。

【例 2-6】 试根据自动往复控制电路，设计 PLC 梯形图、指令表。自动往复控制电路如图 2-32 所示。

解： 自动往复控制用于刨床等机械设备。如图 2-32 所示，SQ1 和 SQ2 是左和右限位开关。

工作原理：设 KM1 是左行（正转）接触器，KM2 是右行（反转）接触器。当按下左行启动按钮 SB2 时，KM1 得电并自锁，工作台左行。当工作台行至左极限位置时，撞块撞到 SQ1，SQ1 的常开触点闭合，常闭触点断开，KM1 失电，KM2 得电。工作台由左极限位置

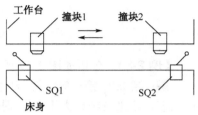

图 2-32 例 2-6 自动往复控制

向右运行，当运行到右极限位置时，撞块撞到 SQ2，SQ2 的常开触点闭合，常闭触点断开，KM2 失电，KM1 得电，工作台左行。工作台在 SQ1 和 SQ2 之间周而复始运行，直到按下停止按钮 SB1 为止。

I/O 分配表见表 2-1。

表 2-1 例 2-6 的 I/O 分配表

输 入 信 号			输 出 信 号		
名　称	代　号	输入点编号	名　称	代　号	输出点编号
热继电器	FR	I0.00	左行接触器	KM1	Q0.01
停止按钮	SB1	I0.01	右行接触器	KM2	Q0.02
左行启动按钮	SB2	I0.02			
右行启动按钮	SB3	I0.03			
左限位开关	SQ1	I0.04			
右限位开关	SQ2	I0.05			

根据电气控制电路和 I/O 分配表，将电气控制图改画成梯形图，如图 2-33 所示。

由上述例子可见，自动往复循环控制过程可以描述为初始状态、左行状态、右行状态。从初始状态到运行状态的转换由启动信号控制。当工作台在原位和有正转启动信号时，工作台开始左行。当工作台到达左极限位，转入右行状态；当工作台到达右极限位，又进入左行状态。其过程可以用图 2-34（a）来描述。

如果用 W0 表示初始状态，W1 和 W2 分别表示左行和右行状态，I:0.02，I:0.04 和 I:0.05 是启动、左极限位、右极限位输入信号；Q:0.01 和 Q:0.02 是工作台左行、

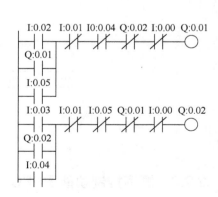

图 2-33 自动往复控制梯形图

右行输出信号，则顺序功能图 SFC 如图 2-34（b）所示。

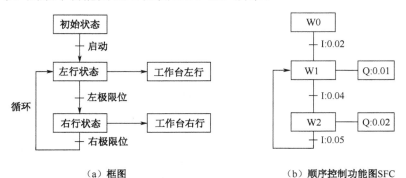

（a）框图   （b）顺序控制功能图SFC

图 2-34   工作台往复循环控制

图 2-34（b）中，当工作台停在原始位置时，初始位置状态 W0 有效。此时，按下启动按钮 I:0.02，就由 W0 转换为 W1，输出 Q:0.01 得电，工作台左行；当达到左极限位时，转换条件 I:0.04 接通，由 W1 转换为 W2，输出 Q:0.01 失电，Q:0.02 得电，工作台右行；当达到右极限位时，转换条件 I:0.05 接通，由 W2 转换为 W1，进入下一个循环。

（2）步与动作

① 步。SFC 设计法中用辅助继电器 W 来代表步。在上例中，一个工作周期分为三步：初始步、左行步和右行步，分别用 W0.00、W0.01 和 W0.02 来代表。

② 初始步。系统初始静止状态，用双线表示。每个 SFC 图中至少有一个初始步，如图 2-34 中的 W0 步。

③ 活动步。当系统处于某一步时，称该步为活动步。处于活动步时，相应的动作被执行；在不活动步时，非存储性动作停止。

④ 多动作表示。如果某一步有几个动作，可以用图 2-35 中的两种画法来表示，两种画法动作没有顺序之分。

图 2-35   多个动作表示法

（3）有向连线与转换条件

① 有向连线。各步之间的连线称为有向连线。步的活动方向是自左至右，自上而下，这两个方向上的箭头可以省略；如果不是这两个方向，应标注箭头；如果连线必须中断，在中断处注明下一步的标号。

② 转换。有向连线上的短横线表示转换。步的活动是由转换完成的。

③ 转换条件。标注在短横线旁边的文字是转换条件，如图 2-34（b）中的 I:0.02、I:0.04 和 I:0.05，表示条件满足时，将由现行步转换为下一步。

2．SFC 的基本结构

（1）顺序结构

顺序结构是最简单的一种结构，该结构的特点是步与步之间只有一个转移，转移和转移之间只有一个步。顺序结构如图 2-36（a）所示。

（2）选择性分支结构

选择性分支结构如图 2-36（b）所示。由图可见，如果某时 W2 为活动步，且转换条件 f=1，将发生 W2→W3 的进展；如果某时 W2 为活动步，且转换条件 i=1，则发生 W2→W6 的进展。如果某时 W4 为活动步，且转换条件 h=1，将发生 W4→W7 的进展；如果某时 W6 为活动步，且转换条件 k=1，则发生 W6→W7 的进展。

分支用水平线相连，每一条单一顺序的进入都有一个转移条件。每个分支的转移条件都位于水平线下方，单水平线上方没有转移。

如果某一分支转移条件得到满足，则执行这一分支。一旦进入这一分支后，就再也不执行其他分支了。

分支结束用水平线将各个分支会合，水平线上方的每个分支都有一个转移条件，而水平线下方没有转移条件。

（3）并发性分支结构

并发性分支结构如图 2-36（c）所示。由图可见，如果某时 W2 为活动步，且转换条件 l=1，则步 W3 和步 W5 同时变为活动步。仅当步 W4 和步 W6 同时变为活动步，且转换条件 o=1 时，才会发生步 W4 和步 W6 到步 W7 的进展。

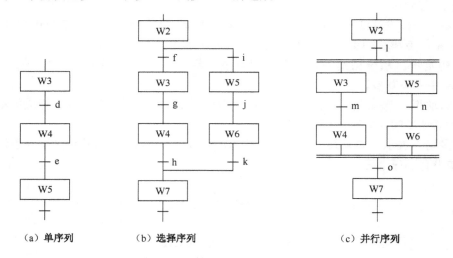

（a）单序列　　　　　（b）选择序列　　　　　（c）并行序列

图 2-36　顺序控制功能图基本结构

分支开始使用水平双线将各个分支相连，双水平线上方需要一个转移，转移对应的条件称为公共转移条件。如果公共转移条件满足，则同时执行下面所有分支，水平线下方一般没有转移条件，特殊情况下允许有条件转移条件。

公共转移条件满足时，同时执行多个分支，但是由于各个分支完成的时间不同，所以每个分支的最后一步通常设置一个等待步。

分支结束用水平双线将各个分支汇合，水平双线上方一般没有转移，下方有一个转移。在每个分支点，最多允许有 8 条支路，每条支路的步数不受限制。

3. SFC 图转换成梯形图

有些 PLC 开发软件可以直接接受 SFC 图，但是大部分软件不能直接接受 SFC 图。在不能接受 SFC 的 PLC 软件中，就需要将 SFC 图转换成梯形图。下面介绍转换中需要注意的事项。

（1）进入有效工作步

PLC 上电后，有的程序需要马上进入有效工作步，这时需要使用 PLC 的第一周期标志使程序进入有效工作步，应注意启动条件，因为有些情况是不允许启动的，例如流水线上的各个工位没有停在确定位置、运行的小车没有回到初始位置等。

一般情况下是在第 0 步有效的情况下，启动第 1 步或其他步。

在梯形图中，若是需要启动哪个工作步，就在该工作步执行条件上并联一个得电条件。

（2）停止有效工作步

若是要停止正在运行的工作步，应该注意启动条件，因为不知道当前程序执行到哪一步，所以需要在每个工作步的执行条件上都串联一个失电条件。若是需要在程序运行当中重新启动程序，也需要先停止所有工作步的执行，再启动程序。

一般情况下，停止工作步后的有效工作步应该是第 0 步。

若是确切知道在哪一个工作步停止程序运行，可以在该工作步的执行条件上串联失电条件，以使该步在满足该失电条件的情况下停止执行。

（3）最后一个工作步

最后一个工作步执行完后，一般需要转移到第一个工作步循环执行程序，这就需要最后一个转移条件启动第一工作步。

若是程序的循环是有条件的，一般情况是程序执行完最后一步后需要循环，就在最后一个转移条件启动第一工作步或除 0 步以外的工作步；若是程序执行完最后 1 步后，不需要循环，就在最后一个转移条件启动第 0 工作步。

（4）工作步的转移条件

转移条件可以是来自 PLC 外部的按钮、行程开关、传感器的输出等，也可以是来自 PLC 内部的定时器、计数器和功能模块的输出等。

（5）工作步得电和失电

工作步的得电条件是：该步的上一个工作步是有效工作步，而该步的下一步没有工作，这是若出现转移条件，则该工作步就会得电而变成有效工作步。

工作步失电条件是：该步的下个工作步得电，就是该工作失电的条件。

一般情况下工作步都需要自锁。

工作步的梯形图如图 2-37 所示。

（6）选择性分支

选择性分支就是在工作步得电的条件中增加一个选择条件，若满足选择条件，则工作步得电，若不满足选择条件，工作步就不能得电。

若在启动程序时出现选择分支，则工作步的得电条件应该为启动条件"与"选择条件。

若在工作步转移时出现选择性分支，则工作步的得电条件应为转移条件"与"选择条件。

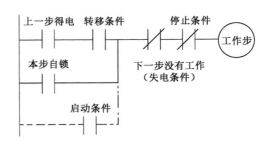

图 2-37　工作步的梯形图

（7）并发分支

并发工作步是在一个得电条件下，几个并发分支都得电，所以几个并发分支的得电条件是一样的。

所有并发工作步都结束后才能进行工作步转移，所以如果要工作步转移，则需要所有并发分支的转移条件相"与"。

（8）第0工作步

第0工作步是PLC上电后的状态，当除第0工作步以外的工作步都无效时，第0工作步有效，所以第0工作步的一个得电条件是除第0工作步以外的工作步都无效。

停止条件出现后，程序应该回到第0工作步。

有自动或半自动选择分支时，自动分支转移到第1工作步，继续循环，半自动分支转移到第0工作步，停止程序运行，等待再次启动。

（9）动作输出

在有些系统中，工作步就是动作输出，在这种情况下，工作步的继电器就是PLC的输出继电器。而在有些系统中，动作输出是工作步的逻辑组合。

动作开始时刻就是工作步得电时刻，动作结束时刻就是工作失电时刻。若是动作时间是一个工作步，则工作步就是输出；若是该动作还需要在下一个工作步继续动作，则这时该动作就是这两个工作步的"或"。

下面通过例子来理解SFC转换成梯形图的方法。

【例2-7】 试将图2-38（a）所示的单序列SFC图转换为梯形图。

解：

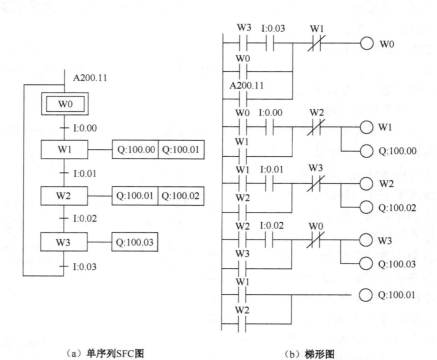

（a）单序列SFC图　　　　　　　（b）梯形图

图2-38　单序列SFC图转换梯形图

【**例 2-8**】 试将图 2-39（a）所示的选择性分支结构 SFC 图转换为梯形图。

解：

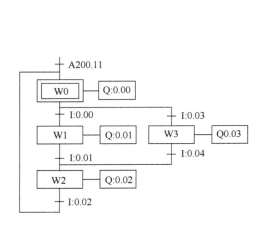
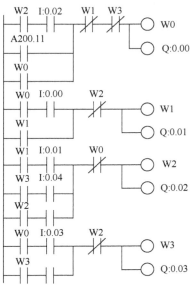

（a）选择序列SFC图　　　　　　　　　　　（b）梯形图

图 2-39　选择序列 SFC 图转换梯形图

【**例 2-9**】 试将图 2-40（a）所示的并发性分支结构 SFC 图转换为梯形图。

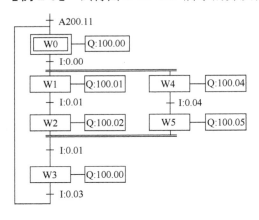
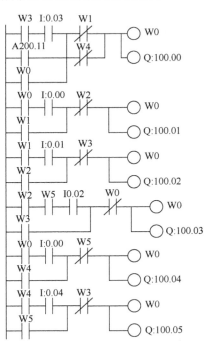

（a）并行序列SFC图　　　　　　　　　　　（b）梯形图

图 2-40　并行序列 SFC 图转换梯形图

下面通过一个实际应用例子来说明 SFC 设计法。

【例 2-10】 试采用 SFC 设计如图 2-41（a）所示运料小车自动循环控制的梯形图程序，图 2-41（b）图是工作循环图。控制要求如下：

① 运料小车的初始位置停在左边，限位开关 SQ1 为 ON；

② 当按下启动按钮 SB 后，装料电磁铁得电吸合，开始装料，装料时间 10s；

③ 延时 10s 后，右行接触器 KM1 得电，小车右行；

④ 到达右极限位置时，SQ2 动作，停止右行，卸料电磁铁（YV2）得电，开始卸料，卸料时间 5s；

⑤ 延时 5s 后，左行接触器 KM2 得电，小车左行，到达左极限位置，SQ1 动作，完成一个循环。

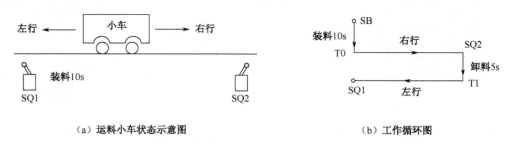

（a）运料小车状态示意图　　　　　　　　　　（b）工作循环图

图 2-41　运料小车状态示意图和工作循环图

解：程序设计步骤如下。

① I/O 分配表见表 2-2。

② 根据控制要求绘制 SFC 图。由工作循环图可见，这是一个单序列 SFC 图。

（a）步划分：预备、装料、右行、卸料、左行。

（b）步分配：预备 W0、装料 W1、右行 W2、卸料 W3、左行 W4。

（c）转换条件：W0→W1：SB（I:0.00）；W1→W2：KT1（T1）；W2→W3：SQ2（I:0.02）；W3→W4：KT2（T2）；W4→W0：SQ1（I:0.01）。

（d）输出：W0 无输出；W1 装料和定时，输出 Q:100.03 和定时器 T1；W2 右行，输出 Q:100.01；W3 卸料和定时，输出 Q:100.04 和定时器 T2；W4 左行，输出 Q:100.02。

表 2-2　例 2-10 I/O 分配表

输 入 信 号			输 出 信 号			内部继电器		
名　称	代号	输入点编号	名　称	代号	输出点编号	名　称	代号	计数器编号
启动按钮	SB	I:0.00	右行接触器	KM1	Q:100.01	装料定时器	KT1	T1
左限位开关	SQ1	I:0.01	左行接触器	KM2	Q:100.02	卸料定时器	KT2	T2
右限位开关	SQ2	I:0.02	装料电磁铁	YV1	Q:100.03			
			卸料电磁铁	YV2	Q:100.4			

根据上述分析，可画出 SFC 图如图 2-42（a）所示。

③ 画梯形图，如图 2-42（b）所示。

④ 画 PLC 接线图如图 2-42（c）所示。

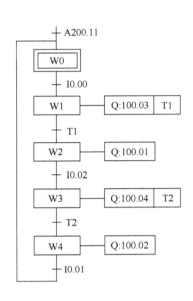

（a）SFC图

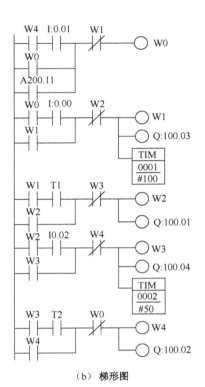

（b）梯形图

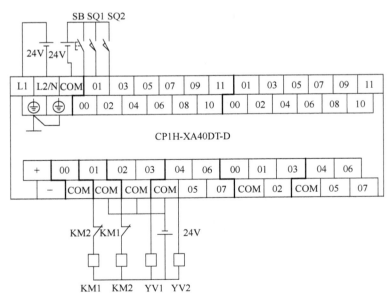

（c）PLC接线图

图 2-42 例 2-10 运料小车控制

练一练 SFC 编程练习

练习 1：汽车自动清洗。

一台汽车自动清洗机，该机的动作如下。

① 按下启动按钮时，打开喷淋阀门，同时清洗机开始移动。

② 当检测到汽车到达刷洗距离时，启动旋转刷子开始刷洗汽车。

③ 当检测到汽车离开清洗机时，停止清洗机移动，停止刷子旋转和关闭阀门。

④ 当按下停止开关时，任何时候都可以停止所有的动作。

⑤ 根据题意，I/O 表见表 2-3，请绘制 SFC 图并转换成梯形图。

表 2-3 汽车自动清洗的 I/O 表

输 入 设 备		输 出 设 备	
启动按钮	0.00	喷淋阀门	100.00
汽车检测开关	0.01	清洗机	100.01
停止按钮	0.02	旋转刷子	100.02

练习 2：车间传送

某车间传送带分为三段，由三台电动机分别驱动。传送带和传感器的安装位置如图 2-43 所示。传感器可以检测物品的存在。该传送带动作如下。

第 3 段传送带一直运转。

第 2 段传送带运转由 3 号传感器启动，由 2 号传感器停止。

第 1 段传送带由 2 号传感器启动，由 1 号传感器停止。

一个工作循环是：启动第 3 段传送带。物品被 3 号传感器检测，启动第 2 段传送带。物品被 2 号传感器检测，启动第 1 段传感器，同时延时 2s 后停止电机 2，在物品被 1 号传感器检测到 2s 后，将电机停止，随后进入下一个循环，等待 3 号传感器检测物品。

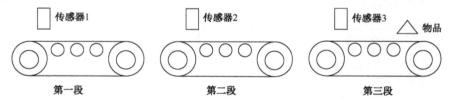

图 2-43 车间传送的示意图

根据题意，I/O 表见表 2-4，请绘制 SFC 图并转换成梯形图。

表 2-4 车间传送的 I/O 表

输入设备		输出设备	
启动按钮	0.00	电动机 1	100.00
传感器 3	0.01	电动机 2	100.01
传感器 2	0.02	电动机 3	100.02
传感器 1	0.03		
停止按钮	0.04		

2.2.4 认识欧姆龙NS5-SQ10/10B-EV2 触摸屏

触摸屏（PT）是工业控制系统中常用的人机交互设备，是一种可以接收触摸或其他输入信号的感应式液晶显示装置。在工业现场，为了操作上的方便，使用触摸屏代替按钮，指示灯或其他显示设备及仪表。工作时，用手指或其他物体触摸屏幕，系统根据手指触摸的图标或菜单位置选择信息输入。

触摸屏具有画面制作、信息显示与管理、监控、故障排除等功能，作为智能多媒体输入/输出设备，比键盘和鼠标使用起来更方便，广泛应用到工业、医疗、通信等领域。

NS 系列触摸屏是 OMRON 高功能触摸屏，屏幕尺寸有 5、8、10、12、15 英寸几种。

1．NS 触摸屏特点

① 丰富的绘图功能。NS 触摸屏包含大量的图形库、丰富的功能对象，并能够联合 PLC 编程软件进行虚拟仿真。

② 兼容性能。NS 触摸屏能对 PLC 进行内存监控、梯形图监控和故障诊断。

③ 高级功能。NS 触摸屏还具有多语言显示、视频多媒体数据加密、FTP 传输等高级功能。

2．触摸屏硬件系统

（1）正面

如图 2-44 所示，正面主要由运行指示灯和显示区域构成，指示灯可以通过显示不同颜色来表示触摸屏的不同工作状态。

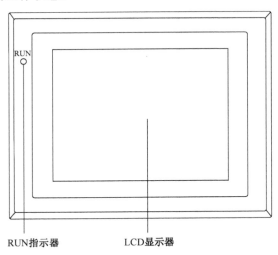

图 2-44 触摸屏正面

正常运行时，绿色灯常亮；故障时，红色灯常亮；电池电量低时显橙色。

触摸屏 RUN 指示器功能见表 2-5。

表 2-5　触摸屏 RUN 指示器功能

指示器	绿　色	橙　色	红　色
亮	PT 正常运行	电源接通后立即对文件系统进行检查；电池电量不足或未接电源	启动时出现错误
闪烁	存储卡数据传送结束 电源接通后背光立即出错	存储卡数据在传送中	存储卡数据传送异常结束
不亮	PT 未通电；熔断器断开；系统程序受到破坏。系统不能被引导		

　　仅当 PT 在运行状态且与被监控的控制器建立通信时，才会显示如图 2-45 所示的监控画面。否则显示黑屏，并在右下角有"Connecting"字样，如图 2-46 所示。

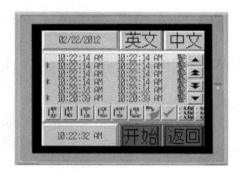

图 2-45　监控画面

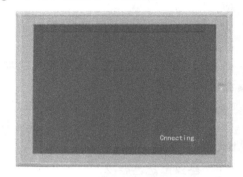

图 2-46　黑屏

（2）背面

PT 背面区域如图 2-47 所示。

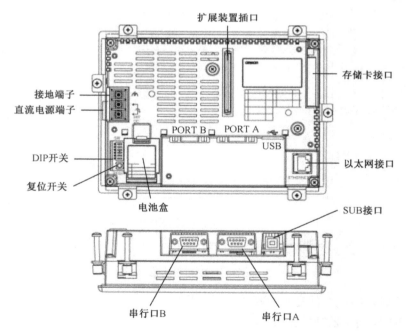

图 2-47　PT 背面

各端口功能如下。

① 扩展装置插口。用于连接 Control Link 网络总线板卡或视频板卡。

② 存储卡接口。用来连接存储卡。可以保存画面数据、记录数据和系统程序。

③ 以太网接口。连接以太网电缆。

④ 接地端子。连接接地线。

⑤ 直流电源端子。提供 DC24V 电源。

⑥ DIP 开关。用于控制 PT 内存与 CF 卡之间的数据传输。

⑦ 复位开关。初始化（重新启动）触摸屏。

⑧ 电池盒。内置电池，保存 PT 内部时钟、日历、数据日志等。

⑨ USB 接口。连接上位机、PLC 等外部输入装置。

⑩ 串行口 A 和 B。用来连接上位机、PLC 以及其他外部输入装置。

NS 系列触摸屏还提供了一系列附件，用来扩展 PT 功能。如视频输入单元 NS-CA001、RGB 视频输入单元 NS-CA002、控制器连接 I/F 单元 NS-CLK21、RS-232C/RS-422A、转换单元 NS-AL002、传输电缆 XW2Z-S002 等，在实际工程中可以选择使用。

3. 触摸屏软件系统

OMRON NS 系列触摸屏的组态软件为 CX-Designer。通过组态软件，可以实现画面制作、画面修改、参数设定、信息管理以及仿真调试等功能。

（1）操作界面

图 2-48 所示是 CX-Designer 的操作界面。

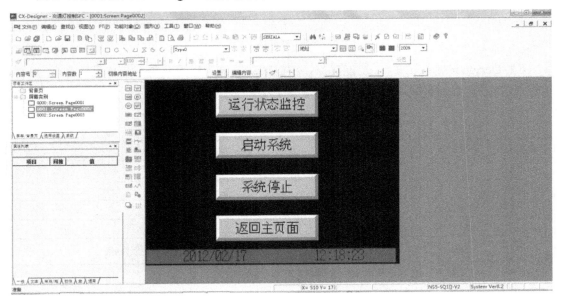

图 2-48　CX-Designer 操作界面

① 操作界面上方是菜单栏和工具栏目。在这里可以对软件进行基本操作，设置软件属性和功能等。

② 左侧是项目工作区。可以进行背景设置、画面设置、参数设置等操作。

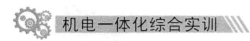
③ 左下方是属性列表。可以用于统一多个对象的属性参数，提高工作效率。

④ 软件中间是编辑界面。用于画面的制作和监控；最下方是状态栏，可以查看硬件型号及系统版本。

（2）图形库

CX-Designer 含有自带的图形库，当需要给功能对象（开关、显示灯等）选择美观又恰当的外形，可以在这些图形中进行选择。图 2-49 所示是位灯选择例子。

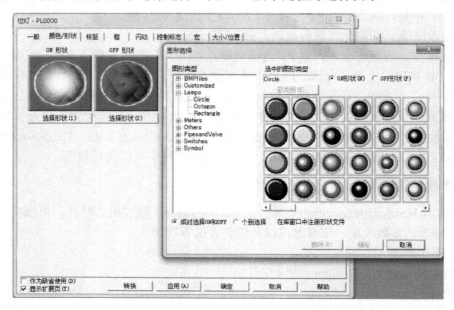

图 2-49　位灯选择例子

CX-Designer 提供了 27 个功能对象，可以按功能分为以下几类，具体见表 2-6。这样，就可以为不同的现场监控要求提供不同的解决方案。

表 2-6　功能对象列表

图形	用途分类	功 能 对 象
	开关	ON/OFF 按钮、字按钮、命令按钮、多功能按钮
	灯	位灯、字灯
	信息显示	标签、位图、日期、时间、内容显示
	数据显示与输入	数字显示与输入、指示开关、字符串显示与输入、临时输入
	图表	饼图、柱状图、折线图、数据日志图表、数据块表格、连续线描绘
	报警	报警事件显示、报警事件历史概要
	其他	框、列表选择、表格、视频显示

4. 触摸屏的通信功能

NS 系列触摸屏可以通过串口、网络总线接口接入 PLC 控制系统，也可以与多个 PLC 通信。主机名称注册到已连接的 PLC，规定主机名称和地址即可进入所连接的 PLC。

NS 系列触摸屏自带的两个 RS-232 接口（PORT A、PORT B），可以与 PLC 实现 1:1、1:n 的连接，如图 2-50 所示。

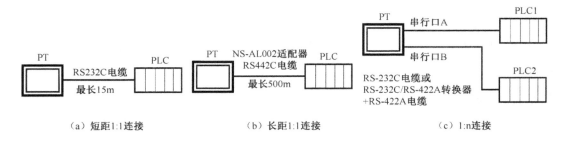

（a）短距1:1连接　　　　　　（b）长距1:1连接　　　　　　（c）1:n连接

图 2-50　触摸屏与 PLC 通信

5. 触摸屏的监控功能

NS 系列触摸屏允许用户在任何 PLC 区域内分配字和字节，用于进入所需的显示内容和存储输入数据。触摸屏操作包括读取、写入、分配字内容和字节状态，在屏幕上修改功能对象的显示状态和控制，告知触摸屏状态等，如图 2-51 所示。

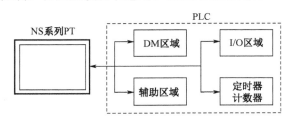

图 2-51　触摸屏监控数据

想一想　PLC 软硬件

① CP1H-AX40DT-D CPU 单元的开关量 I/O 总点数是 40 个，如果某个工程需要开关量 I/O 总点数是 52 个，如何解决？

② 一台 PLC 最多可以连接多少个扩展单元？

③ PLC 控制系统运行时，除了可以操作输入设备使其动作外，还有其他方法吗？

④ 触摸屏的功能是什么？NS 系列触摸屏的组态软件是什么？你会使用这个软件吗？

查一查　课外信息采集

① 操作 CX-Programmer 和 CX-Designer 软件，熟悉这两个软件的使用方法以及程序下载方法。

② 查阅 CPM1A-40EDT I/O 单元输入端子台和输出端子台端子布局。

③ 查阅 NS5-SQ10B-ECV2 触摸屏有关信息，了解屏幕尺寸、显示颜色、接线方法、操作方法等。

④ 查阅"实训柜接线图"，明确本项目使用的硬件设备、安装位置、接线端子、电源连接、接线方法等内容。

任务 3　计划决策

本阶段请各小组针对项目的目标与要求设计一个工作计划，这一计划主要包括以下三个方面。

2.3.1　计划工作步骤

2.3.2　岗位分工

工作小组人员分工，明确岗位职责，将岗位分工情况填写在表 2-7 中。

表 2-7　项目 2 岗位分工表

人　员	岗　位	职　责

2.3.3　时间安排

将时间安排情况填写在表 2-8 中。

表 2-8 项目2时间安排表

工 作 任 务	时 间 分 配	负 责 人

任务4 项目实施

2.4.1 硬件选型

① 根据系统的控制功能，确定硬件设备及型号，将硬件设备及型号填写在表 2-9 中。

表 2-9 项目2硬件设备及型号登记表

序号	设 备 名 称	符号	型 号 规 格	单位	数量
1					
2					
3					
4					
5					
6					

② 控制电路设计与绘制。要求：铅笔绘图，A4 纸。

③ 绘制主电路模拟接线图，见附图。

2.4.2 安装电路

① 清点工具和仪表。根据项目的具体内容选择工具与仪表，并放置在相应的位置。填写表 2-10。

表 2-10 项目2工具与仪表登记表

序 号	工具与仪表名称	型号与规格	数量	作用
1	一字螺丝刀	100mm		
2	一字螺丝刀	150mm		
3	十字螺丝刀	100mm		
4	十字螺丝刀	150mm		
5	尖嘴钳	150mm		
6	斜口钳			
7	剥线钳			
8	电笔			
9	万用表			

② 选用元器件及导线。按照元件清单选择元器件。

③ 元器件检查。元器件选定后，首先应检测其质量。检测包括外观检测和万用表检测两部分。

2.4.3 编写PLC控制程序

1. 根据控制要求，绘制工作流程图，如图 2-52 所示。

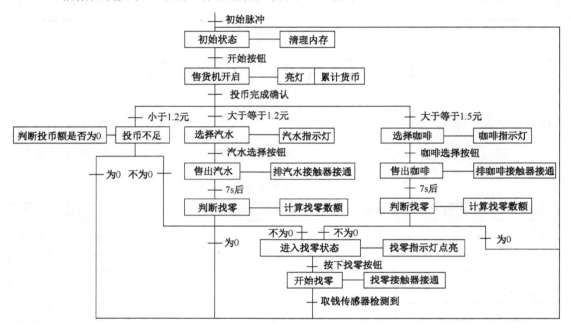

图 2-52　自动售货机程序设计流程图

2. 找出输入/输出设备，列出 I/O 分配表，见表 2-11。

表 2-11　自动售货机输入/输出分配表

输 入 设 备		输 出 设 备	
名称	地址	名称	地址
开始开关 SA1	0.00	开始交易指示灯	100.00
检测 1 角投入传感器	0.01	选择汽水指示灯	100.01
检测 5 角投入传感器	0.02	选择咖啡指示灯	100.02
检测 1 元投入传感器	0.03	排出汽水接触器	100.03
汽水选择按钮	0.04	排出咖啡接触器	100.04
咖啡选择按钮	0.05	找零接触器	100.05
找零按钮	0.06	找零指示灯	100.06
投币完成确认按钮	0.07		
检测取钱信号传感器	0.08		

3．根据流程图和 I/O 分配表绘制出 SFC 图

4．把 SFC 图转换为梯形图并录入

打开 **CX-Programmer** 编程软件，录入梯形图程序，并保存，如图 2-53 所示。

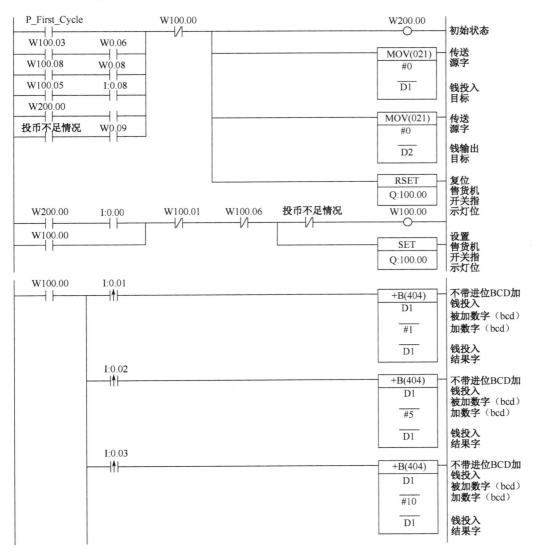

图 2-53　自动售货机梯形图程序

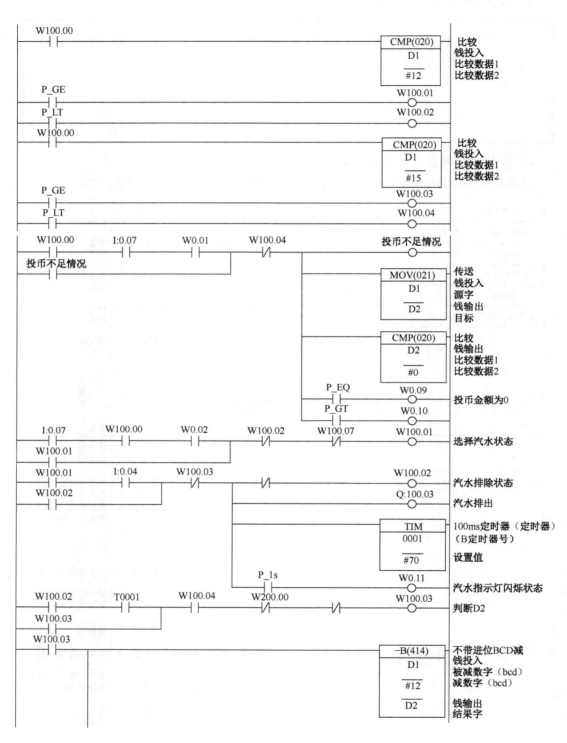

图 2-53　自动售货机梯形图程序（续）

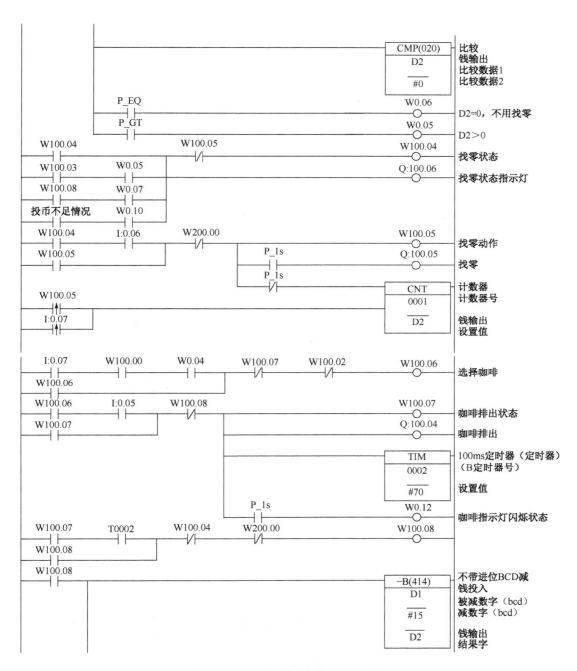

图 2-53   自动售货机梯形图程序（续）

5. 绘制触摸屏画面

（1）创建新项目

打开 CX-Designer 软件，新建项目，机型、版本、项目名称可参见图 2-54。单击确定后，软件自动创建屏幕/背景页等，单击确定按钮，如图 2-55 所示。

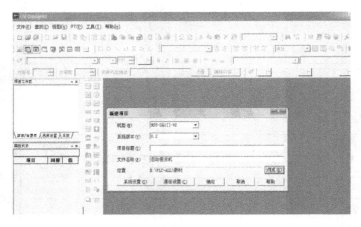

图 2-54　新建项目界面

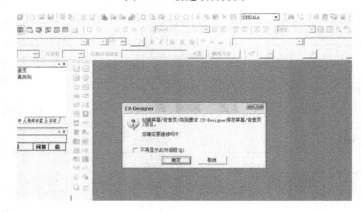

图 2-55　软件自动创建画面

（2）创建背景页和新屏幕

在背景页和屏幕类别里，右键单击新建一背景页和两张屏幕分别名为"开始页"和"售货机画面"，如图 2-56 所示。

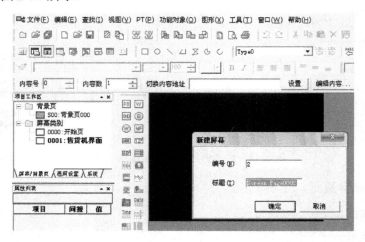

图 2-56　创建背景页和新屏幕

（3）使用矩形功能

在背景页中，选择矩形功能放置在屏幕中，选择合适的颜色和边框，设置宽度为 320，高度为 240，XY 坐标均为零，如图 2-57 所示。

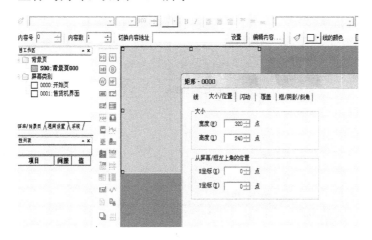

图 2-57 在背景页中使用矩形功能

（4）应用背景页到画面

单击文件菜单中背景页的应用设置选项，设置 0 号背景页应用于 0 号和 1 号屏幕，设置情况如图 2-58 所示。

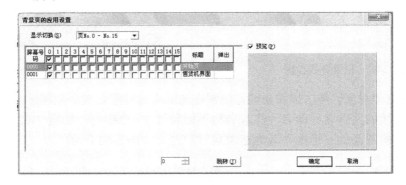

图 2-58 应用背景页到画面

（5）绘制开始页画面

① 首先创建标签对象，单击 LABEL 功能对象，放置在工作区，放置合适大小，双击标签，选择标签颜色，设置标签选项的字符串为"欢迎进入自动售货机控制系统"单击右侧文本属性，可以设置字号、颜色和字体等，并设置框选项中为三维框。

② 创建命令按钮。在工作区放置 CMD 功能对象，双击对象，设置功能为切换屏幕，选择指定屏幕 001 售货机界面，如图 2-59 所示。在颜色/图形选项卡中选择合适的样式，在标签字符串为"进入系统"，其他选项可以不设置。设置完成样例如图 2-60 所示。

③ 创建日期和时间。放置日期功能对象，双击对象可以设置文本背景框等选项；同样步骤放置时间功能对象，并合适设置。设置完成如图 2-61 所示。使用编辑菜单中

的配置相同尺寸、配置等功能可以进行调整。

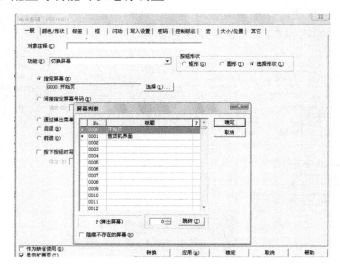

图 2-59　设置命令按钮功能

图 2-60　设置完成样例

图 2-61　创建日期和时间对象

④ 创建位图对象。单击位图功能，放置在画面合适位置，双击位图区，单击浏览添加显示文件，为新的文件名称命名，注意名称不能超过 12 个字符，如图 2-62 所示，单击确认。也可以为位图添加三维框，其他选项自行配置，如图 2-63 所示。

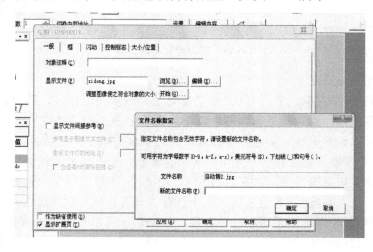

图 2-62　为新文件名称命名

图 2-63　为位图添加三维框

（6）绘制自动售货机界面

① 在工作区内放置矩形背景，布局自动售货机功能区，如图 2-64 所示。

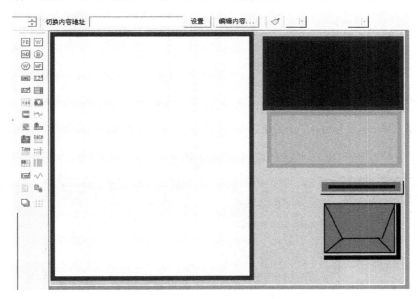

图 2-64　售货机界面放置矩形背景

② 在工作区适当位置放置标签，如图 2-65 所示。将功能区命名，如图 2-66 所示。

③ 放置"数字显示与输入"功能对象，设置显示类型为 16 进制，地址设置分别为 D0001 和 D0002，如图 2-67 所示。

④ 在工作区添加汽水和咖啡位图，如图 2-68 所示。

⑤ 添加 ON/OFF 功能对象，形状和位置如图 2-69 所示，地址按照 I/O 分配表进行分配。

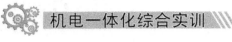

图 2-65　在工作区适当位置放置标签　　　　图 2-66　自动售货机功能区命名

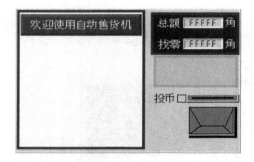

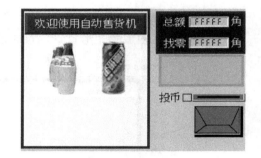

图 2-67　创建"数字显示与输入"功能对象　　　　图 2-68　添加汽水和咖啡位图

⑥ 添加位灯功能对象，形状和位置如图 2-70 所示，地址按照 I/O 分配表进行分配。

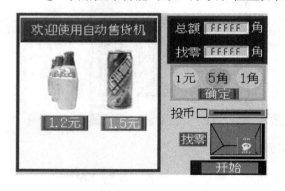

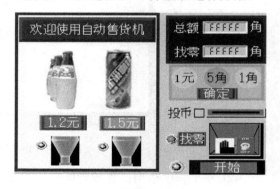

图 2-69　添加 ON/OFF 按钮　　　　　　　图 2-70　添加位灯功能对象

2.4.4　程序仿真、下载与调试

1. 程序仿真调试

① 在 CX-Programmer 软件中，启动 PLC-PT 整体模拟，出现如图 2-71 所示对话框。

单击确定按钮，进入 PLC-PT 联合调试。

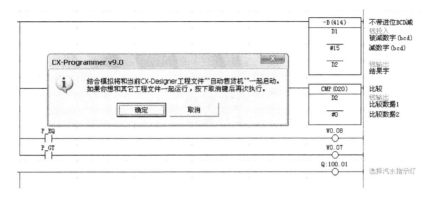

图 2-71　启动 PLC-PT 整体调试

② 模拟自动售货机的工作过程，进行逐步调试，如图 2-72 所示。

（a）进入自动售货机仿真调试界面

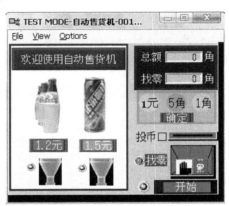

（b）进行自动售货机仿真调试

图 2-72　模拟自动售货机的工作过程逐步调试

2. 程序下载

在程序模拟调试、主电路和 PLC 接线完成后，将自动售货机 PLC 程序和触摸屏程序下载到 PLC 中。

（1）PLC 程序下载过程如下

① 通过 USB 电缆将计算机连接到 PLC 上。

② 打开自动售货机控制程序。双击 图标，或使用快捷键"Ctrl+W"，出现如图 2-73 所示界面，单击"是"后，进入在线工作状态。

③ 单击"PLC"下拉菜单，单击"传送"，选择"到 PLC"，单击选择"程序"，单击确定，出现如图 2-74 所示选择对话框。选择"确定"。

④ 进入如图 2-75（a）所示对话框。单击"是（Y）"，进入图 2-75（b）所示对话框。

⑤ 单击"是"后，进入程序下载进度对话框，如图 2-76 所示。程序下载完成后，单击"确定"按钮，进入如图 2-77 所示程序下载完成对话框。

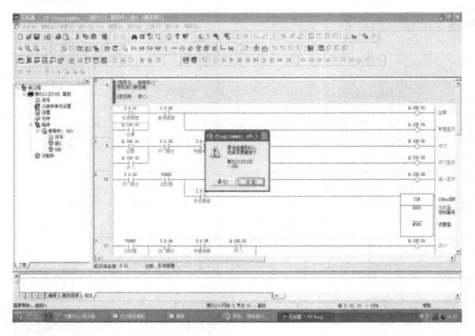

图 2-73　进入在线工作

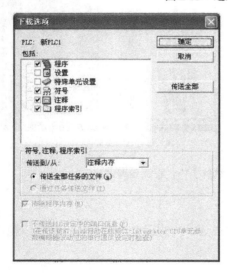

图 2-74　下载选项

(a)

(b)

图 2-75　切换模式对话框

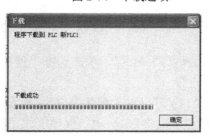

图 2-76　下载完成对话框

图 2-77　切换到监视运行模式

⑥ 单击"是"后，进入带载监视运行模式，即可进行联机调试了。

（2）触摸屏监控画面下载

① 将 XM2S-09 电缆一端接至触摸屏背面的"PORT A"端口，另一端接至 PLC 的"COMM"通信端口。

② 使用 USB 电缆将计算机连接至触摸屏背面的 USB 端口。

③ 打开"交通灯控制系统"监控画面程序。

④ 单击 PT（P）下拉菜单，选择"传输"→"快速传输"，如图 2-78 所示。

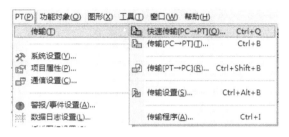

图 2-78　传输下拉菜单

⑤ 单击"快速传输"，出现如图 2-79 所示传输对话框，选择"是"，开始传输。

⑥ 传输结束后，出现如图 2-80 所示对话框，单击"确定"按钮结束。

图 2-79　传输结束对话框

图 2-80　传输对话框

3．程序调试

① 当投入硬币金额不足 1.2 元时，调试工作过程。

② 当投入硬币金额为 1.2 元时，调试工作过程。

③ 当投入硬币金额大于 1.2 元小于 1.5 元时，调试工作过程。

④ 当投入硬币金额大于等于 1.5 元时，调试工作过程。

在程序调试过程中，若发现故障，可根据流程图进行查找。

查一查　课外信息

① 进入欧姆龙网站，查阅 PLC 自动控制系统硬件资料，了解各种 PLC 主机、I/O 扩展、传感器、触摸屏、伺服机构等型号、功能、用途等。

② 查阅 CX-Designer 软件监控画面编辑方法资料，熟悉触摸屏使用方法。

任务 5　项目评价

2.5.1　项目实施任务单

填写表 2-12。

表 2-12　项目 2 实施任务单

组号		成员			得分	
一、任务分析	1. 阅读控制要求，分析输入/输出并总结控制要点					
	（1）					
	（2）					
	（3）					
	（4）					
	（5）					
	（6）					
	（7）					
	（8）					
	2. 分配地址，完成 I/O 分配表					
	3. 绘制工作流程图时出现的问题					
	（1）					
	（2）					
	（3）					
	（4）					
	（5）					
	（6）					
	（7）					
	（8）					
	（9）					
二、工作职责与分工	在工作实施时岗位的分工轮换情况					
	组员 A			组员 B		

三、任务实施	1. 绘制 SFC 图时出现的问题，及 SFC 图勘误
	2. 在 CX-Programmer 软件中编写梯形图（注意停止条件的添加）。写出在录入中出现的问题 （1） （2） （3） （4） （5）
	3. 使用触摸屏调试程序 （1）触摸屏画面制作 （2）地址分配 （3）写出在触摸屏画面制作过程中出现的问题 （4）PLC-PT 联合仿真 出现的问题 解决方法
	4. PLC 和触摸屏程序的下载 （1）PLC 程序下载时出现的问题及解决方法 （2）触摸屏程序下载时出现的问题及解决方法

	为什么欧姆龙触摸屏 NS5-SQ10-V2 进行程序下载后不能正常运行？应该怎样解决？ 原因：触摸屏和 PLC 的通信协议在默认情况下不匹配。 解决方法：（1）首先设置 CX-Programmer 中相关参数（见图 2-81） 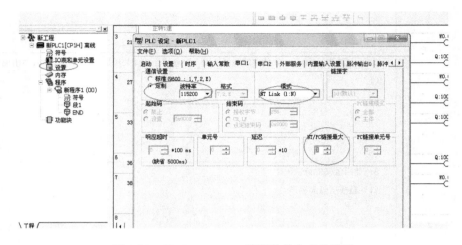 图 2-81　CX-Programmer 编程软件中有关设置 　　打开 CX-Programmer 编程软件，在工程区左侧，单击设置选项，在选项卡中选择串口 1 或串口 2（取决于 PLC 连在触摸屏哪个端口，若连在 PORT1，则设置串口 1；连在 PORT2，则设置串口 2），设置参数如图 2-81 所示。
四、知识拓展	（2）触摸屏程序 CX-Designer 设置如图 2-82 所示 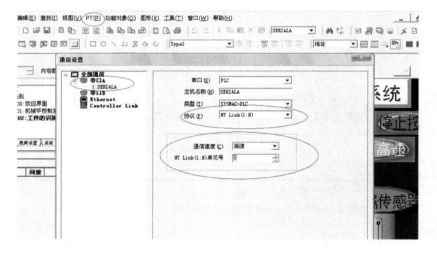 图 2-82　CX-Designer 软件中有关设置 　　如图所示，在两个软件的参数设置中，要保持通信协议一致，都是 NT Link；通信速度保持一致，若为高速要对应波特率 115200；NT/PC 链接最大数要大于 CX-Designer 软件串口 A 或 B 中设置的 NT Link（1∶N）单元号

2.5.2　项目实施评价表

填写表 2-13。

表 2-13　项目 2 实施评价表

班级		姓名		组号		成绩	
工序	实施记录	教师评价		评价内容		自评	互评
一、I/O 分配表 （15 分）	完成时间			1．能完成输入/输出点数的分析 2．能完整填写出 I/O 分配表 3．能将输入/输出点与对应的 SFC 的状态结合，能说出 PT 的输入/输出对应状态			
	输入点数						
	输出点数						
二、流程图及 SFC 图（25 分）	完成时间			1．能绘制出流程图，且流程图合理，状态和转换条件准确 2．能对应流程图绘制出 SFC 图，状态步、转换条件和输出动作准确 3．SFC 图绘制格式规范			
	流程图绘制计时						
	流程图绘制准确						
	状态数						
	转换条件确定情况						
	规范程度						
三、梯形图 （30 分）	完成时间			1．能根据 SFC 图转换成梯形图 2．能使用 CX-Programmer 软件录入检查程序 3．正确添加停止条件			
	步数						
	逻辑错误数						
	停止条件正确						
四、PT 联合调 试（20 分）	完成时间			1．完成触摸屏画面的制作，结合 I/O 表正确填入地址 2．触摸屏画面美观规范 3．能完成 PLC 和触摸屏程序的顺利下载与调试 4．能实现机械手控制功能			
	PT 画面评价						
	程序顺利下载						
	能否完成功能						
五、其他 （10 分）	1．自觉遵守 6S 管理规范，尤其遵守实训室安全规范						
	2．自我约束力较强，小组成员间能良好沟通，团结协作完成工作						
	3．能自主学习相关知识，有钻研和创新精神						
	4．对自己及他人的评价客观、真诚，真实反映实际情况						

2.5.3　项目评价表

填写表 2-14。

表 2-14　项目 2 评估表

			考核内容	分值	自我评价	小组评价	教师评价
考核项目	专业能力60%	1. 工作准备的质量评估	（1）器材和工具、仪表的准备数量是否齐全与检验的方法是否正确 （2）辅助材料准备的质量和数量是否适用 （3）工作周围环境布置是否合理、安全	10			
		2. 工作过程各个环节的质量评估	（1）工作顺序安排是否合理 （2）计算机编程软件使用是否正确 （3）图纸设计是否正确规范 （4）导线的连接是否能够安全载流、绝缘是否安全可靠、放置是否合适 （5）安全措施是否到位	20			
		3. 工作成果的质量评估	（1）程序设计是否功能齐全 （2）电器安装位置是否合理、规范 （3）程序调试方法是否正确 （4）环境是否整洁干净 （5）其他物品是否在工作中遭到损坏 （6）整体效果是否美观	30			
	综合能力40%	信息收集能力	基础理论收集和处理信息的能力；独立分析和思考问题的能力	10			
		交流沟通能力	编程设计、安装、调试总结 梯形图程序设计方案	10			
		分析问题能力	梯形图程序设计、安装接线、联机调试基本思路、基本方法研讨 工作过程中处理程序设计	10			
		团结协作能力	小组中分工协作、团结合作能力	10			
备注	强调项目成员注意安全规程及行业标准，本项目可以小组或个人形式完成。						

项目验收后，即可交付用户。

项目 2 测评

1．选择题

（1）CP1H 中，特殊辅助继电器 A 从（　　）通道开始供 512 个可读取/可写入通道。

    A．A512　　　　　　B．A500　　　　　　C．A488　　　　　　D．A448

（2）只能用字寻址存取信息的寄存器是（　　）。

    A．DM　　　　　　B．AR　　　　　　C．HR　　　　　　D．DR

（3）下列有掉电保持功能的软继电器是（　　）。

    A．W　　　　　　B．H　　　　　　C．A　　　　　　D．TR

（4）特殊辅助继电器 A200．11 是（　　）。

    A．开始运行标志　　　　　　　　B．脉冲输出标志

    C．电量不足标志　　　　　　　　D．错误报警标志

（5）对于计数器指令 CNT 说法错误的是（　　）。

    A．CNT 指令是减法指令

    B．时钟脉冲位作 CNT 计数脉冲时，可构成定时器

    C．CNT 指令不需要复位

    D．录入 CNT 指令时，设定值使用# 加数字方式

（6）指令 MOV.0.100，当输入 I7～I0=00001111 时，则输出 Q:100.07～Q:100.00 的内容是（　　）。

    A．00　　　　　　B．F0　　　　　　C．0F　　　　　　D．FF

（7）行指令 MOVL 将数据#10 传送到 Q100，则（　　）。

    A．Q:100.00～Q:101.16 中仅 Q:100.05 输出为 1

    B．Q:100.00～Q:101.16 中仅 Q:100.10 输出为 1

    C．Q:100.00～Q:100.16 中仅 Q:100.05 输出为 1

    D．Q:100.00～Q:100.16 中仅 Q:100.10 输出为 1

（8）如图 2-83 所示，其中 D200 数据寄存器的内容为#0A02，则当 0.00 接通时，分析正确的是（　　）。

    A．将 D0 的位 2 送到 D1000 的位 A

    B．将 D1000 的位 2 送到 D0 的位 10

    C．将 D1000 的位 2 送到 D0 的位 A

    D．将 D0 的位 2 送到 D1000 的位 10

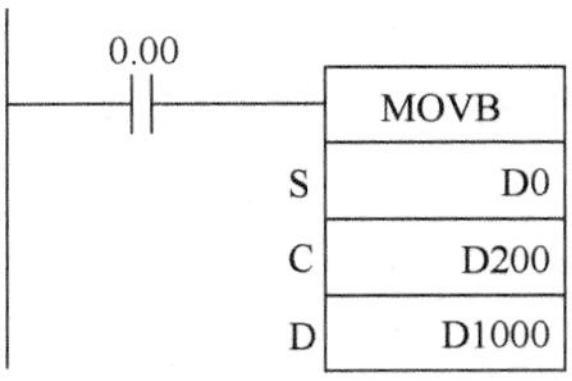

图 2-83　题 1（8）图

（9）执行带符号·无 CY BIN 减法运算，若负数－正数的结果位于正数（0000～7FFF Hex）的范围内，则（　　）标志为 ON。

    A．=　　　　　　B．CY　　　　　　C．OF　　　　　　D．UF

（10）执行无符号比较 CMP 指令，比较结果大于等于时，（　　）状态标志为 ON。

      A．P-GT   B．P-LE   C．P-GE   D．P-LT

（11）转移条件满足时，同时执行多个分支属于 SFC 的（　　）结构。

      A．顺序   B．选择分支   C．并行分支   D．复合

（12）顺序功能图中的起始步用（　　）来表示。

      A．双横线   B．单横线   C．双线框   D．单线框

（13）NS 系列触摸屏主要功能特点是（　　）。

      A．画面制作功能   B．网络功能

      C．监控与多媒体功能   D．以上都有

（14）NS 系列触摸屏电池电量低时，其运行指示灯为（　　）。

      A．绿色   B．红色   C．橙色灯闪烁   D．橙色灯常亮

（15）NS 可以通过（　　）与 PLC 连接。

      A．串行方式   B．以太方式   C．CLK 方式   D．以上都可以

2．判断题

（1）CP1H 中内部辅助继电器（W）与保持继电器（H）各自均有 512 个通道，每个通道有 16 个继电器，采用 16 进制 00～15 编号。 （　　）

（2）内部辅助继电器（W）和保持继电器（H）能进行强制置位/复位，特殊辅助继电器（A）和数据存储器（DM）均不可强制置位/复位。 （　　）

（3）欧姆龙 CP1H PLC 计数器未达到设定值，如果停电或计数器条件为 OFF，则原计数值保持。 （　　）

（4）无符号倍长比较 CMPL 对 2 CH 的 CH 数据或常数进行无符号 BIN 32 位（16 进制 8 位）的比较，将比较结果反映到状态标志中。 （　　）

（5）数据存储区（DM）中的数据在 PLC 上电或模式切换时，可以保持。 （　　）

（6）通用数据寄存器 DM 区域是指 D00000～D32767 中除去总线单元和 Modbus-RTU 简易主站已经占用的区域。 （　　）

（7）在触摸屏画面设计中，"位按钮"具有切换屏幕的功能。 （　　）

（8）SFC 中，不在活动步时，非存储性动作停止。 （　　）

（9）当系统处于某一步时，称该步为活动步；在某一时间，只能有一个活动步。（　　）

（10）本实训项目设计的自动售货机主要通过选择性分支实现项目功能要求。（　　）

（11）NS 系列触摸屏允许用户在任何 PLC 区域内分配字和字节，用于进入所需的显示内容和存储输入数据。 （　　）

（12）本实训项目，触摸屏开始页画面上"欢迎进入自动售货机控制系统"的信息显示通过字符串"显示与输入"对象实现。 （　　）

（13）触摸屏和 PLC 之间通信无误，必须确保通信协议，同时 NT/PC 链接最大数要大于 CX-Designer 软件串口 A 或 B 中设置的 NT Link（1∶N）单元号。 （　　）

（14）在计算机中绘制的监控画面最终是传送到 PLC 中的。 （　　）

（15）本实训项目设计的自动售货机进入找零状态的条件为"判断找零不为 0"。

                                           （　　）

项目 3
物料分拣控制系统

实训目的

1. 明确物料分拣控制系统的控制要求与控制流程。
2. 学会应用 PLC 控制变频器实现电机多转速运行。
3. 学会光电传感器、光纤传感器在物体检测方面的应用。
4. 认识气动系统执行元件和控制元件，学会它们的使用。
5. 学会编写物料分拣控制程序。
6. 培养协同工作能力和自我约束意识。
7. 提升工作组织与协调能力。

实训要求

1. 实训室内要求配备欧姆龙 PLC 控制柜，并配有欧姆龙 CP1H-XA40DT-D 型 PLC，欧姆龙 NS5-SQ10/10B-EV2 型触摸屏以及电源和基本输入/输出控制设备，计算机配置合适。
2. 实训过程中学生要严格遵守电气安装操作规程，保证人身、设备安全。
3. 在实训中渗透 6S 企业管理理念。

任务 1 项目引入

3.1.1 项目任务

在实际工厂流水线中，常常需要将物料从一个工位搬运到另一个工位进行输送分拣。某公司需要设计生产线中物料搬运分拣流水线，以满足生产的需要，物料分拣系统实训装置如图 3-1 所示。物料搬运分拣流水线的具体控制过程为：在触摸屏上按复位按钮后，装置进行复位过程，当装置复位到位后，首先将毛坯工件放置在供料机构内，按下启动按钮 SB1 后，供料机构将工件一送至存料台上，搬运机械手手臂前伸，前臂下降，启动手指夹紧物料，前臂上升，手臂缩回，手臂旋转到位，手臂前伸，前臂下降，手抓松开将物料放入料口，机械手返回原位，等待下一个物料到位后动作。物料放入料口，传感器检测到物料后，启动变频器带动输送带运行。根据传感器检测的物料材质，将金属物料送入一号料仓，白色尼龙物料进入二号料仓，黑色尼龙物料进入三号料仓。按下停止按钮 SB2，系统停止。

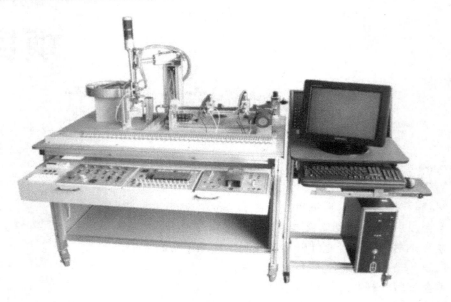

图 3-1　物料分拣系统实训装置

3.1.2　项目分析

1. 功能分析

通过对设备的工作过程分析，可以将工作过程分为三部分。

① 供料机构。在复位完成后，按下启动按钮 SB1，转盘开始转动；当出料口光电传感器检测到有工件时，转盘停止转动；机械手将工件取走后，供料机构重复以上动作。供料台结构如图 3-2 所示。

② 搬运机械手机构。供料机构出料口光电传感器检测到有工件后，机械手将按以下动作顺序搬运工件：悬臂气缸活塞杆伸出到前限位——传感器接到信号后手臂气缸活塞杆伸出——伸出到下限位后延时 0.5s 气爪夹紧—再延时 0.5s——手臂气缸的活塞杆缩回——缩回到上限位，传感器接到信号后，悬臂气缸活塞杆缩回——缩回到后限位，传感器接到信号后，旋转气缸驱动机械手右转——右转到右限位，传感器接到信号后，悬臂气缸活塞杆伸出——伸出到前限位，传感器接到信号后，手臂

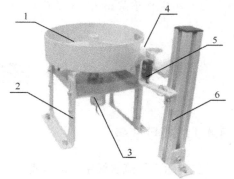

1—转盘　2—调节支架　3—直流电机　4—物料　5—出料口传感器　6—物料检测支架

图 3-2　供料台

气缸活塞杆伸出——伸出到下限位后，延时 0.5s 气爪松开——机械手臂的活塞杆缩回——缩回到上限位，传感器接到信号后，悬臂气缸活塞杆缩回——缩回到后限位，传感器接到信号后，旋转气缸驱动机械手左转——返回到初始位置，机械手完成搬运工作的一个循环，按下停止按钮 SB2，机械手完成当前工件的搬运后，回到初始位置停止。机械手的结构如图 3-3 所示。

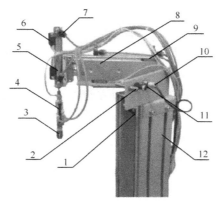

1—旋转气缸　2—非标螺丝　3—气动手爪　4—手爪磁性开关 Y59BLS　5—提升气缸　6—磁性开关 D-C73

7—节流阀　8—伸缩气缸　9—磁性开关 D-Z73　10—左右限位传感器　11—缓冲阀　12—安装支架

图 3-3　机械手

③ 物料输送分拣机构。系统启动时，三相交流异步电动机带动皮带以 25Hz 低速正转运行，当落料口光电传感器检测到有工件时，皮带输送机以 40Hz 高速传送工件，若工件为金属材质，则在料槽 1 的位置，被金属传感器检测到，皮带输送机停止运行，气缸 1 的活塞杆伸出，将金属工件推入料槽 1 后，气缸活塞杆自动缩回，皮带输送机继续以 20Hz 低速正转运行；若工件的材质为白色物料，则在料槽 2 位置，皮带输送机停止，气缸 2 活塞杆伸出，将非金属工件推入物料槽 2 后，气缸活塞杆自动缩回，皮带输送机继续以 20Hz 低速正转运行；若为黑色物料，则将其推入料槽 3 后，恢复 20Hz 正转。如此循环，按下停止按钮，系统完成当前工件的传送与分拣后方可停止。物料分拣机构如图 3-4 所示。

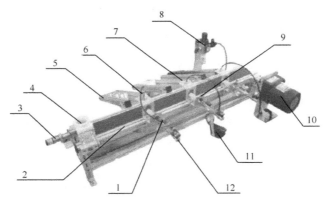

1—磁性开关 D-C73　2—传送分拣机构　3—落料口传感器　4—落料口　5—料槽　6—电感式传感器

7—光纤传感器　8—过滤调压阀　9—节流阀　10—三相异步电动机　11—光纤放大器　12—推料气缸

图 3-4　物料传送与分拣机构

系统上电后，在触摸屏上按复位按钮后系统复位，机械手回到初始位置，当前供料台及皮带上的工件清空，此时供料机构供料，设备开始运行。

2. 电路分析

整个电路的总控制环节可以采用安装方便的一体化电源控制模块。PLC、变频器、触摸屏的电源均由电源控制模块提供，电动机采用三相异步电动机配减速箱，通过变频器控制电动机的启动、停止及运行速度。设备的启动、停止及复位均可由触摸屏控制。

3．气路分析

图 3-5 所示为物料分拣控制系统装置气动系统原理图。

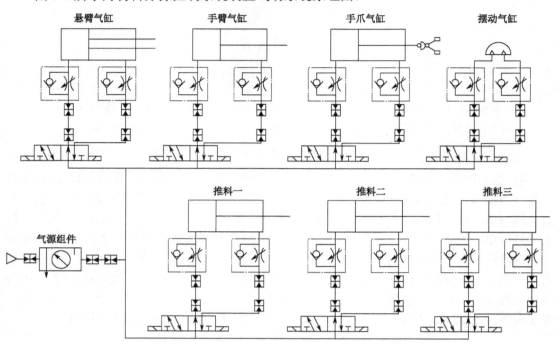

图 3-5　物料分拣控制系统装置气动系统原理图

　　一个完整的气动系统由能源部件、控制元件、执行元件和辅助装置组成，其中气缸属于执行元件，单向节流阀和电磁阀属于控制元件，气源组件属于能源部件。图中机械手部分由四个气缸组成，可在三个坐标内工作。其中手爪气缸为夹紧缸，其活塞杆退回时夹紧工件，活塞杆伸出时松开工件。提升下降缸为双作用单杆气缸，可实现机械手臂上升和下降动作。悬臂伸缩缸为双作用双杆气缸，可实现机械手伸出与缩回动作。

　　摆动气缸一个进气孔进气，活塞杆向一个方向运动；另一个进气孔进气，活塞杆向另一个方向转动，从而实现机械手的左摆与右摆。气动系统原理图中的推料气缸由双作用单杆气缸组成，可实现伸出推料自动缩回的动作。

　　机械手四个气缸由双电控换向阀组成，三个推料气缸由单电控电磁阀组成，每个气缸的进气出气孔都有单向节流阀，共同构成换向、调速回路。图3-6 所示为气管与电磁阀的连接图。各气缸的行程位置均由电气行程开关进行控制。根据需要只要改变电气行程开关的位置，调节单向节流阀

图 3-6　气管与电磁阀的连接图

的开度，即可改变各气缸的运动速度和行程。图 3-7 为机械手部分气管的连接图。

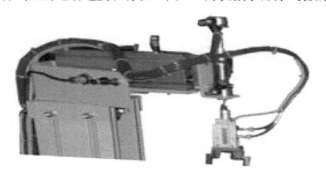

图 3-7　机械手部分气管的连接图

4．在物料分拣控制系统中，各个部件清单见表 3-1

表 3-1　物料分拣控制系统部件清单

序号	分类	设备名称	数量	作　用
1	机械部件	皮带输送机	1	物料输送设备
2		机械手	1	物料搬运
3		物料盘（供料台）	1	盛放物料
4		线槽	n	要将传感器走线下到料槽
5		料槽	3	盛放分拣后的物料
6	电气部件	欧姆龙 CP1H-XA40DT-D 型 PLC	1	
7		欧姆龙 3G3MX2 变频器	1	
8		双控电磁阀	4	旋转、悬臂、手臂、气爪气缸
9		单控电磁阀	3	推料气缸
10		电感传感器	3	1 个检测金属物料 2 个检测机械手左右位置
11		光电传感器	2	放置在供料台和皮带输送机入料口
12		光纤传感器	2	识别白色和黑色塑料物料
13		接近传感器	5	检测机械手气缸到位
14		三相异步电动机	1	拖动皮带输送机工作
15		直流电机	1	带动物料盘供料
16		插线板	1	
17	气动部件	节流阀	1	流量控制
18		空气过滤器	1	空气净化装置
19		调压阀	1	调节压缩空气的压力
20		油雾器	1	将润滑油喷射成雾状，起到润滑作用
21		气泵	1	气源

任务 2 信息收集

3.2.1 指令系统

多位置位和多位复位指令

（1）多位置位 SETA

功能：将连续指定位数的位置于 ON。

操作元件：CIO、W、H、T、C 等。

梯形图如图 3-8 所示。

（2）多位复位 RSTA

功能：将连续指定位数的位置于 OFF。

操作元件：CIO、W、H、T、C 等。

梯形图如图 3-9 所示。

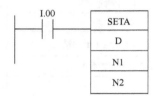

D：置位低位的通道号
N1：置位开始位位置
N2：置位位数

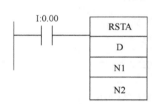

D：复位低位的通道号
N1：复位开始位位置
N2：复位位数

图 3-8 多位置位指令 SETA 梯形图   图 3-9 多位复位指令 RSTA 梯形图

【例 3-1】 说明如图 3-10 所示梯形图的动作。

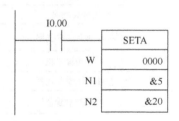
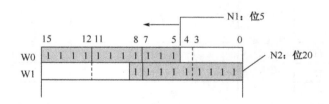

（a）SETA指令应用

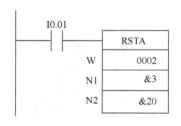
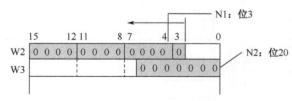

（b）RSTA指令应用

图 3-10 多位置位和复位指令应用例子

解：图 3-10（a）中当 I:0.00 为 ON 时，自 W0 第 5 位开始至 W1 第 8 位共 20 位置 1；
图 3-10（b）中当 I:0.01 为 ON 时，自 W2 第 3 位开始至 W3 第 6 位共 20 位置 0。

3.2.2 编程注意事项

在编程过程中，需要注意如下两点，遵循这个原则可以节省指令。

1．串联触点多的放在上方

在每个逻辑条中，串联触点多的支路应放在上方，这样可以节省一条 ORLD 指令，如图 3-11 所示。

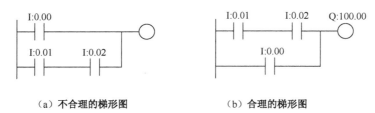

（a）不合理的梯形图 　　　　　　　　　（b）合理的梯形图

图 3-11　串联触点多的放在上方

2．并联触点多的放在左方

在每个逻辑条中，并联触点多的支路应放在左方，这样可以节省一条 ANDLD 指令，如图 3-12 所示。

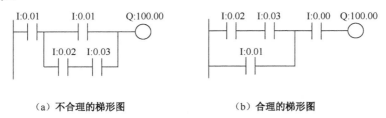

（a）不合理的梯形图 　　　　　　　　　（b）合理的梯形图

图 3-12　并联触点多的放在左方

3.2.3 传感器的基本知识

在物料分拣系统中，物料检测、各个气缸的动作是否到位的检测都是通过传感器来实现的，因此使用了电感、光电、光纤等传感器，下面分别介绍。

1．电感式传感器

（1）电感式传感器简介

电感传感器是建立在电磁感应基础上，将某些物理量的变化转换成电感量的变化，再经测量电路转换成电信号的装置。按照输出形式，分为模拟量和开关量输出。模拟量输出的，主要用于测量位移、压力、应变、流量等物理量；开关量输出的则适用于机床限位、检测、计数、测速、液位等多种控制。在物料分拣系统中，用开关量输出的电感传感器检测金属物料，其外形如图 3-13 所示。

图 3-13　电感式传感器的外形

（2）电感式传感器的原理

电感式传感器的原理和安装位置如图 3-14 所示。物料由传送带传送，逐渐向电感传感器靠近，当金属物料距离电感传感器 3～5 mm 时，电感传感器的电感量减小，从而导致振荡电路停振，放大电路将前级电路停振信号处理并转变为"有料"信号输出，送至 PLC，PLC 根据该"有料"信号，向电磁阀发出控制指令，使气缸动作，将金属物料推至金属物料槽中；当无金属物料时，电感传感器的电感量又恢复到初始值 Lo，振荡电路振荡，向 PLC 输出"无料"信号，PLC 根据该信号，不向电磁阀发出控制指令，则气缸缩回或保持缩回。检测距离是电感接近开关很重要的参数，根据工作要求，选择合适的检测距离。在物料分拣系统中，选用检测距离为 3～5mm。安装距离过大，检测不出来；距离过小，易造成被测物体与传感器刮碰，不能正常工作。

图 3-14　电感式传感器的原理和安装位置

2．光电式传感器

光电式传感器是将光学量转化为电信号的传感器，概括起来可分为两大类：一类是模拟量输出的，这种传感器可用于检测光的强度、照度等光学量，也可检测非光学量，如位移、速度、零件尺寸等。另一类则是光电开关，常用于计数、检测控制、测速、物位检测、质量检查、识别色标、防盗安保。光电传感器具有非接触测量、可靠性高、精度高、响应快等优点，因此在自动化控制系统中得到广泛应用。在物料分拣系统中检测物料的有无采用的是光电开关。光电开关分为漫反射型、镜面反射型、对射型、沟槽型四种。

光电式传感器在物料分拣系统实训装置中的位置如图 3-15（a）所示，其中使用了两种光电传感器，一种是 E3Z-LS61，其外形如图 3-15（b）所示，另一种是 GO13-MDNA-AM，其外形如图 3-15（c）所示。它们都属于漫反射式传感器。

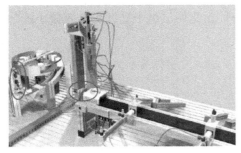
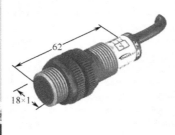

（a）在装置中的位置　　　（b）E3Z-LS61的外形　　　（c）GO13-MDNA-AM外形

图 3-15　电感式传感器

它们集发射器与接收器于一体，在前方有物体时，接收器就能接收到物体反射回来的部分光线，通过检测电路产生开关量的电信号输出使开关动作。漫反射式光电传感器的有效作用距离是由目标的反射能力决定的，即由目标表面性质和颜色决定。

3. 磁性传感器

在控制技术中，磁性传感器采用无接触及无磨损的工作方式进行位置检测其外形和原理图如图 3-16 所示。磁性传感器的优点是具有更长的检测距离，更加小巧的外形结构。磁性传感器应用条件：检测的物体必须具备磁性，因为传感器只能对磁体起作用。按磁敏感元件来分，主要有霍尔传感器、磁阻传感器、磁敏二极管、磁敏三极管、干簧管开关等。物料分拣系统中，气缸活塞位置检测采用的是开关式霍尔传感器，也称为霍尔开关。

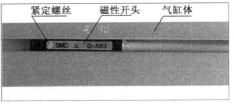

（a）外形图　　　　　　　　　　　　（b）原理图

图 3-16　磁性传感器

磁性开关可以直接安装在气缸缸体上，当带有磁环的活塞移动到磁性开关所在位置时，磁性开关内的两个金属片在磁环磁场的作用下吸合，发出信号。当活塞移开时，舌簧开关离开磁场，触点自动断开，信号切断。通过这种方式可以很方便地实现对气缸活塞位置的检测。

4．光纤传感器

光纤传感器也是光电传感器的一种，其外形和原理图如图 3-17 所示。相对于传统电量型传感器（热电偶、热电阻、压阻式、振弦式、磁电式），光纤传感器具有下述优点：抗电磁干扰，可工作于恶劣环境，传输距离远，使用寿命长。此外，由于光纤头具有较小的体积，所以可以安装在很小空间的地方。

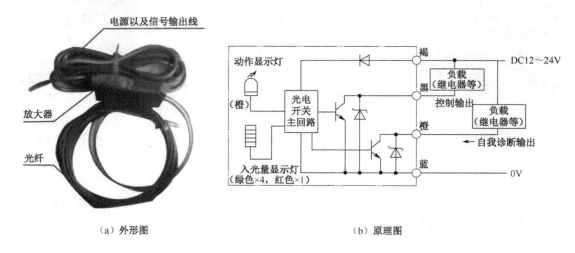

（a）外形图　　　　　　　　　　　　　　　（b）原理图

图 3-17　光纤式传感器

光纤式光电接近开关的放大器的灵敏度调节范围较大。当光纤传感器灵敏度调得较小时，对于反射性较差的黑色物体，光电探测器无法接收到反射信号；而对于反射性较好的白色物体，光电探测器就可以接收到反射信号。反之，若调高光纤传感器灵敏度，则即使对反射性较差的黑色物体，光电探测器也可以接收到反射信号。从而可以通过调节灵敏度判别黑白两种颜色物体，将两种物料区分开，从而完成自动分拣工序。光纤传感器的调节说明如图 3-18 所示。

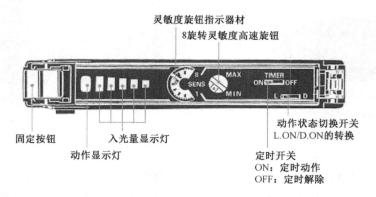

图 3-18　光纤传感器的调节说明

3.2.4 认识 3G3MX2 变频器

1. 变频器及其组成

变频器是将固定频率的交流电源改变成可变频率的交流电源，从而实现对电动机进行调速控制的装置。

OMRON 3G3MX2 变频器外形如图 3-19 所示。

由于三相异步电动机有"转速与频率成比例"的特性，所以通过变频器就可以改变三相异步电动机的转速。变频器的控制有"速度控制"和"位置控制"两种。变频器是将来自固定工频（50/60Hz）的交流电源变换为直流电源，再逆变产生可变频率和可变电压的三相交流电。其组成结构如图 3-20 所示。

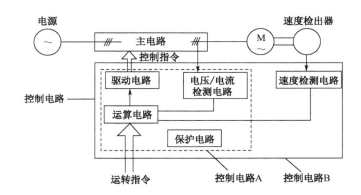

图 3-19 3G3MX2 变频器　　　　　　　　图 3-20 变频器组成结构图

① 主电路。

给电动机提供调压调频电源的电力变换部分称为主电路，如图 3-21 所示。主电路由整流器、滤波回路和逆变器三部分构成，有时要附加"制动回路"。

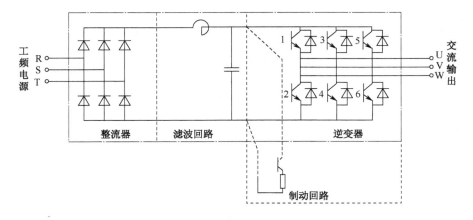

图 3-21 变频器主电路

（a）整流器

把工频电源变换为直流电源，由 6 个晶体二极管构成。

（b）滤波回路

电感和电容构成的滤波回路，可以抑制整流后直流电源中含有的脉动电压。

（c）逆变器

逆变器的作用是将整流滤波后的直流电源变换为交流电源输出，由 6 个开关器件构成的 PWM（脉宽调制）电路组成。

（d）制动回路

需要快速制动时，使用制动回路（开关和电阻）消耗再生功率，以免直流电路电压上升。

② 控制电路。

给主电路提供控制信号的回路，称为控制电路。控制电路主要包括如下几种。

（a）运算电路

将速度、转矩等指令与检测到的电流、电压信号进行比较、运算，决定逆变器的输出电压和功率。

（b）电压/电流检测电路

与主电路隔离，用于检测电压、电流。

（c）驱动电路

驱动主电路器件的电路。它使主电路器件导通、关断。

（d）速度检测电路

将装在电动机轴上的速度检测器（TG、PLG 等）的信号作为速度信号，送入运算回路，根据指令和运算可使电动机按指令速度运转。

（e）保护电路

检测主电路的电压、电流等，为了防止逆变器和异步电动机损坏，当发生过载或过压等异常时，使逆变器停止工作或抑制电压、电流值。

2．3G3MX2 变频器面板和配线

（1）3G3MX2 变频器面板

3G3MX2 系列变频器面板名称和内容如图 3-22 所示，操作面板说明见表 3-2。

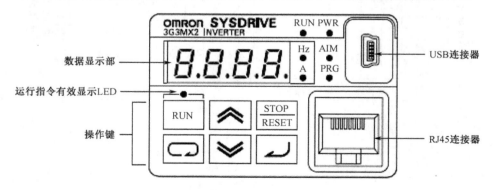

图 3-22　3G3MX2 系列变频器面板

表 3-2 3G3MX2 系列变频器操作面板说明

名 称	内 容
POWER LED	变频器通电时点亮（绿色）
ALARM LED	变频器异常时点亮（红色）
程序 LED	当显示部显示设定值时点亮（绿色）当设定值输入不当时闪烁
RUN（运行中）LED	变频器运行时点亮（绿色）
监控 LED（Hz）	显示部显示频率时点亮（绿色）
监控 LED（A）	显示部显示电流时点亮（绿色）
运行指令有效显示 LED	操作器设定运行指令时点亮（绿色），（操作器 RUN 键为有效状态）
显示部	显示（红色）各种参数及频率、设定值等数据
RUN 键	变频器运行但该运行指令仅限于由操作器发出时有效
$\frac{STOP}{RESET}$ 键	变频器减速或停止运行 用于变频器发生异常时的复位（解除异常状态并复位）
模式键 ⌐⌐	参数显示时：移至下一个功能组的前端 数据显示时：取消设定，返回参数显示 个别输入模式时：向左移动闪烁位 只要按住此键 1s 以上，就会显示输出频率监控（d001）数据
增量键 ≫ 减量键 ≫	增减参数或设定数据。长时间连续按下时加速。 同时按下增量键和减量键，进入可独立编辑各位的"个别输入模式"
回车键 ↵	参数显示时：转为数据显示 数据显示时：确定、保存设定（保存至 EEPROM）并返回参数显示 个别输入模式时：向右移动闪烁位
USB 连接器	计算机连接用连接器（mini-B 型）
RJ45 连接器	选装远程操作器连接器（RS-422）。连接远程操作器后，本体的操作键即失效。此时，通过 b150 设定显示部所示项目

（2）3G3MX2 输入/输出端子配线

3G3MX2 系列变频器的标准配线图，如图 3-23 所示。

① 主回路端子。

● R/L1、S/L2 和 T/L3 是主电源输入端子。单相输入时连接至 R/L1 和 T/L3 端子。

● U/T1、V/T2 和 W/T3 是变频器输出端子。输出侧最大电压对应变频器输入电源电压。

● +1、P/+2 是 DC 电抗器连接端子。取下端子间的短接片，连接选装的 DC 电抗器。

● P/+2、RB 是制动电阻器连接端子。用于连接选装的制动电阻器。

● P/+2、N/–是再生制动单元连接端子。用于连接选装的再生制动单元。

● 接地端子。200V 级采用 D 型接地（接地电阻 100Ω 以下），400V 级采用 C 型接地（接地电阻 10Ω以下）。

注. 端子台编号将变更为< >中所表示的形式。

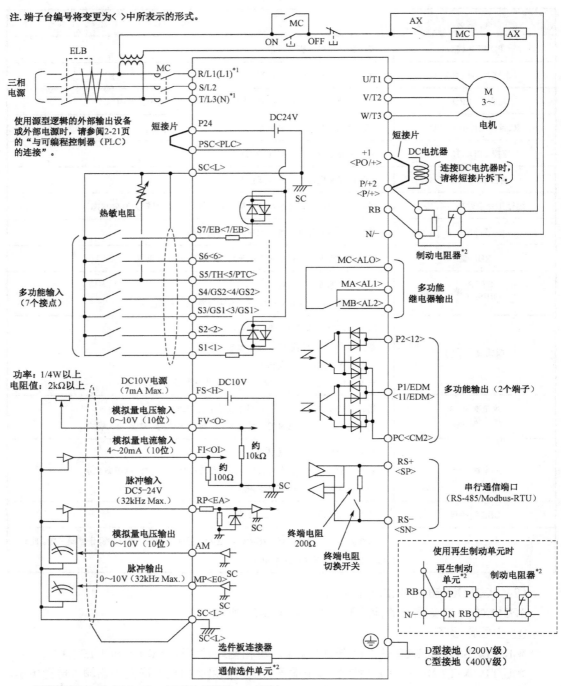

*1请将单相200V型（3G3MX2-AB□□□）连接到L1、N端子上。
*2选件。

图 3-23 3G3MX2 系列变频器标准配线图

② 控制回路端子。

● S1~S7 是多功能输入 1~7 端，SC 是多功能输入的公共端。其中 S3、S4 可作安全输入功能，S5 可作热敏电阻输入功能，S7 可作脉冲输入功能（1.8kHz）。S1~S7 的输入规格是 DC24V/5mA。

● FV 是模拟电压输入，SC 是公共端。规格：DC0~10V（10 位），输入阻抗 10kΩ。

● FI 是模拟电流输入，SC 是公共端。规格：DC4~20mA（10 位），输入阻抗约 100Ω。

● RP 是脉冲输入，SC 是公共端。规格：输入频率最高 32kHz，DC4~27V。

● FS 是频率指令用电源。规格：DC10V/7mA。

● MA、MB 和 MC 是多功能继电器输出端子。MA 和 MC 是常闭接点，MB 和 MC 是常开接点。规格：阻性负载 AC250V/2A 以下，感性负载 AC250/0.2A 以下。

● P1/EDM、P2 和 PC 是多功能晶体管输出。规格：DC27V/50mA 以下。

● AM 和 SC（模拟量输入和模拟量输出共用 SC 端子）是多功能模拟量输出。规格：DC0~10V。

● RS+、RS− 是 RS485 串行通信端子，最高速度 115.2kbps，内置终端电阻 200Ω，通过拨动开关切换。

3. 变频器参数和基本功能操作

（1）3G3MX2 变频器参数

3G3MX2 系列变频器参数大致分类见表 3-3。

表 3-3　3G3MX2 变频器参数功能组分类

功能组	主要内容	举例
d	数据监控	输出频率监控、多功能输入/输出监控、输出电压监控、转矩监控、运行时间监控、异常监控等
F	运行参数	频率指定设定、加减速时间设定、正/反转选择
A	基本功能	最高频率、基频、多段速频率、模拟量频率、电压选择、PID 等
b	高级功能	过载限制、转矩限制、断线检测、初始化、自由 V/f、制动功能、密码等
C	外部 IO	多功能输入/输出、通信等
H	电机常数	电机容量、电机线间电阻、电机电流等
P	特殊功能	简易位置控制、转矩控制、变频器间通信等
U	用户参数	32 个用户登录的功能参数

（2）3G3MX2 变频器操作模式

① 本地操作。

通过变频器面板按键及旋钮实现控制变频器启动、停止、正/反转和频率设定等。

② 远程操作。

通过外部输入实现控制变频器启动、停止、正/反转、多段速控制、模拟量控制、编码器反馈、简易位置控制等。

③ 通信操作。

通过 RS485 通信实现控制变频器启动、停止、正/反转和频率设定等。3G3MX2 系列变频器采用 Modbus-RTU 通信协议。

（3）3G3MX2 运行指令的选择

3G3MX2 变频器运行指令从四种给定变频器运行/停止的指令方式中选择。参见表 3-4 中参数的设置。

表 3-4 3G3MX2 变频器运行指令选择相关参数

A002/A202	第 1/第 2 运行指令选择	寄存器 No.	1202/2202	运行中的变更	×
设定范围	01～04	设定单位	—	初始设定值	02
设定值	内 容				
01	通过控制电路端子台指定运行/停止				
02	通过数字操作器、远程操作器指定运行/停止				
03	通过 RS485 通信指定运行/停止				
04	通过选件板指定运行/停止				

小提示：3G3MX2 变频器支持设定两套电机工作控制参数，分别用第 1 和第 2 表示，可通过外部输入切换生效。

（4）3G3MX2 频率指令的选择

3G3MX2 系列变频器有以下几种频率指令给定方式。

① 使用远程操作器旋钮的频率指令。

② 使用操作器数字设定的频率指令。

③ 使用多段速频率指令。

④ 使用模拟量输入的频率指令。

⑤ 使用脉冲串输入的频率指令。

⑥ 使用 RS485 通信发出的频率指令。

⑦ 使用选件板的频率指令。

⑧ 使用运算功能的频率指令。

3G3MX2 变频器频率指令选择相关参数，具体设置参见表 3-5。

表 3-5 3G3MX2 变频器频率指令选择相关参数

A001/A201	第 1/第 2 频率指令选择	寄存器 No.	1201/2201	运行中的变更	×
设定范围	01～10	设定单位	—	初始设定值	02
设定值	内容				
00	通过远程数字操作器 3G3AX-OP01 上的电位器进行设定				
01	通过模拟量输入信号进行设定				
02	通过数字操作器进行数字设定（F001 中设定频率）				
03	通过 RS485 通信进行设定				
04	通过选件板进行设定				
06	通过脉冲串进行设定				
07	不要设定				
10	通过频率运算功能的运算结果进行设定				

小提示：多段速频率指令优先于 A001 的频率指令选择，因此无须在 A001 中设定。只有多段速输入全部 OFF，即为零时，频率才依据 A001 的设定内容。

（5）3G3MX2 基本 V/f 控制设定参数

3G3MX2 使用基本 V/f 控制方式时，有三个主要的参数需要设定：基本频率、电动机电压和最高频率。基本频率、电动机电压应与电动机铭牌上标称的额定规格一致，最高频率是使用电动机频率的最大值，在没有特别要求的情况下，将其设置与基本频率相同。

3G3MX2 变频器 V/f 控制相关参数具体设置参见表 3-6。

表 3-6　3G3MX2 变频器 V/f 控制相关参数

A003/A203	第 1/第 2 基本频率	寄存器 No.	1203/2203	运行中的变更	×
设定范围	30.0～第 1/2 最高频率	设定单位	Hz	初始设定值	60.0
A004/A204	第 1 第 2 最高频率	寄存器 No.	1204/2204	运行中的变更	×
设定范围	第 1/2 基本频率～400.0（高频模式时为 1000）	设定单位	Hz	初始设定值	60.0
A082/A282	第 1 第 2 电机电压选择	寄存器 No.	126A/226A	运行中的变更	×
设定范围	200V 级：200/215/220/230/240	设定单位	V	初始设定值	200
	400V 级：380/400/415/440/460/480				400

（6）3G3MX2 加减速时间参数的设定

3G3MX2 加减速时间参数中设定的加速时间是从零到最高频率所用的加速时间，设定的减速时间是从最高频率到零所用的减速时间。

由于参数中设定的加减速时间都是相对最高频率而言的，所以，根据不同的当前工作频率，实际的加减速时间会比设定值有不同程度的缩短，如图 3-24 所示。

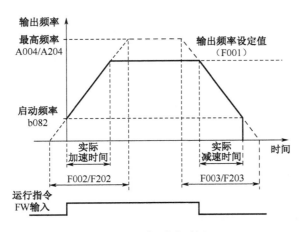

图 3-24　加减速时间

3G3MX2 加减速时间参数设定参见表 3-7。

表 3-7　3G3MX2 变频器加减速时间参数

F002/F202	第 1/第 2 加速时间	寄存器 No.	1103/2103	运行中的变更	○
设定范围	0.01～3600.00	设定单位	s	初始设定值	10.0
F003/F203	第 1 第 2 减速时间	寄存器 No.	1105/2105	运行中的变更	○
设定范围	0.01～3600.00	设定单位	s	初始设定值	10.0

（7）3G3MX2 初始化功能

初始化设定值，使变频器恢复到出厂时的状态，还可清除异常信息。

初始化内容选择（b084）、初始化对象选择（b094）设定完毕，再进行初始化实行（b180）。3G3MX2 初始化相关参数设置参见表 3-8。

表 3-8　3G3MX2 初始化相关参数

B084	初始化内容选择	寄存器 No.	1357	运行中的变更	×
设定范围	00～04	设定单位	—	初始设定值	00
设定值	内容				
00	通过远程数字操作器 3G3AX-OP01 上的电位器进行设定				
01	通过模拟量输入信号进行设定				
02	通过数字操作器进行数字设定（F001 中设定频率）				
03	通过 RS485 通信进行设定				
04	通过选件板进行设定				
B084	初始化对象选择	寄存器 No.	1361	运行中的变更	×
设定范围	00～03	设定单位	—	初始设定值	00
设定值	内容				
00	所有数据（完全初始化）				
01	输入/输出端子及通信基本设定以外所有数据的初始化				
02	用户登录功能（U001～U032）数据的初始化				
03	用户登录功能（U001～U032）和显示选择（b037）以外的数据初始化				
B180	初始化实行	寄存器 No.	13B7	运行中的变更	×
设定范围	00、01	设定单位	—	初始设定值	00
设定值	内容				
00	不实行初始化				
01	实行初始化				

小提示：初始化实行（b180）设置为 01 后，在按下 Enter 键的同时即开始初始化，无法复原。

（8）PID 功能（特殊功能）

3G3MX2 系列变频器内置 PID 功能。可使反馈值与已设定的目标值保持一致，通过比例控制、积分控制和微分控制的组合，实现恒压、恒温等控制。

P 控制：输出与偏差成比例的操作量。

I 控制：输出对偏差进行积分的操作量。

D 控制：输出对偏差进行微分的操作量。

（9）变频器多段速运行功能

通过变频器多功能输入端子（S1～S7）的不同组合，并设置不同的参数，可实现多段速选择调速。多段速优先于频率指令选择（A001），但 0 速频率遵守频率指令选择（A001）

的设定内容。

通过 3G3MX2 变频器多功能输入端子（S1～S7）的 4 个端子的二进制组合（最大 2^4=16 段速）或 7 个端子位（最大 8 段速）两种方式来实现多段速。多段速参数见表 3-9。

表 3-9 多段速运行相关参数

参数	功能名称	数 据	初始设定值	单位
A019	多段速选择	00：二进制运行，通过 4 个端子组合进行 16 段速选择	00	
		01：位运行，通过 7 个端子进行 8 段速选择		
A020	第一多段速指令 0 速	0.00、启动频率～最高频率	0.00	Hz
A021～A035	多段速指令 1～15	0.00、启动频率～最高频率	0.00	Hz
A220	第 2 多段速指令 0 速	0.00、启动频率～最高频率	0.00	Hz
C001～C007	多功能输入功能选择	02～05：二进制运行 16 速（CF1～CF4）		
		32～38：位运行 8 速（SF1～SF7）		
C169	多段速，位置确定时间	0. ～200.（×10ms） 到端子输入确定为止的等待时间	0	ms

4．二进制运行

二进制运行是通过 4 个端子进行 16 段速的选择。将多段速运行功能 CF1～CF4 分配给多功能输入端子 S1～S7，并将多功能输入的功能选择参数 C001～C007 设定为 02～05，即可实现多段速 0～15 速的控制。1～15 速的频率通过参数 A021～A035 进行设定，如图 3-25 所示。

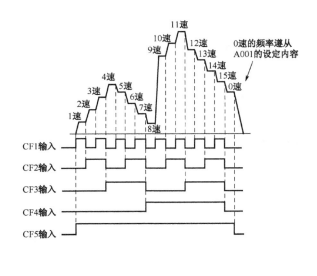

多段速	CF4	CF3	CF2	CF1
0速	OFF	OFF	OFF	OFF
1速	OFF	OFF	OFF	ON
2速	OFF	OFF	ON	OFF
3速	OFF	OFF	ON	ON
4速	OFF	ON	OFF	OFF
5速	OFF	ON	OFF	ON
6速	OFF	ON	ON	OFF
7速	OFF	ON	ON	ON
8速	ON	OFF	OFF	OFF
9速	ON	OFF	OFF	OFF
10速	ON	OFF	OFF	ON
11速	ON	OFF	OFF	ON
12速	ON	ON	OFF	OFF
13速	ON	ON	OFF	ON
14速	ON	ON	ON	OFF
15速	ON	ON	ON	ON

图 3-25 二进制运行控制

5. 位控运行

位控运行是通过 7 个端子进行 8 段速的选择。将多段速运行功能 SF1~SF7 分配给多功能输入端子 S1~S7，多功能输入的功能选择参数 C001~C007 设定为 32~38，即可实现多段速 0~7 速的控制。1~7 速的频率通过参数 A021~A027 进行设定，如图 3-26 所示。

多段速	SF7	SF6	SF5	SF4	SF3	SF2	SF1
0速	OFF	OFF	OFF	OFF	OFF	OFF	OFF
1速	×	×	×	×	×	×	ON
2速	×	×	×	×	×	ON	OFF
3速	×	×	×	×	ON	OFF	OFF
4速	×	×	×	ON	OFF	OFF	OFF
5速	×	×	ON	OFF	OFF	OFF	OFF
6速	×	ON	OFF	OFF	OFF	OFF	OFF
7速	ON	OFF	OFF	OFF	OFF	OFF	OFF

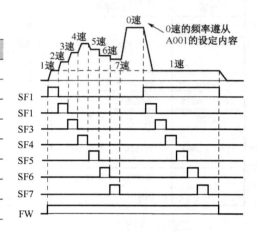

图 3-26　位控运行控制

想一想　变频器基础知识

按照引导问题进行自主学习，疑难问题可以通过小组讨论或请教老师来解决。

① 掌握变频器的作用。

② 变频器的内部结构包括哪些部分？

③ 熟悉 3G3MX2 变频器面板。

④ 3G3MX2 变频器主回路和控制回路端子是如何分配的？

⑤ 3G3MX2 初始化功能如何实现？

⑥ 掌握变频器运行指令与频率指令设置方法。

⑦ 了解变频器多段速功能。

⑧ 学会设置变频器多段速相关参数。

练一练　变频器的操作练习

1. 本地操作控制

（1）任务要求

使用变频器面板操作把变频器内部所有参数恢复出厂设置，使用变频器面板操作，实现控制风扇启动、停止、正反转和频率的改变。

（2）知识索引

① 变频器接线端子如图 3-27 所示，端子接线方法如图 3-28 所示。

② 三相异步电动机应为三角形连接，接线如图 3-29 所示。

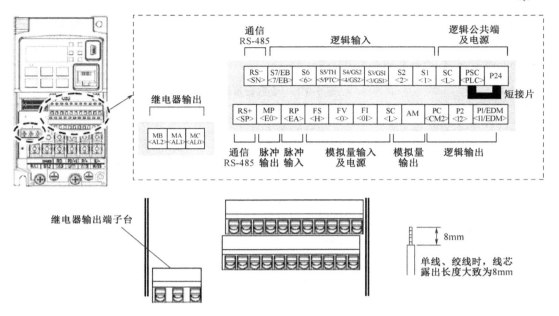

图 3-27　变频器的端子图

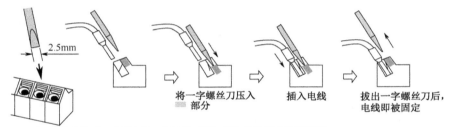

注：拔出电线时，也要在将一字螺丝刀压入 ▨ 部分的状态下进行。

图 3-28　变频器端子的接线方法

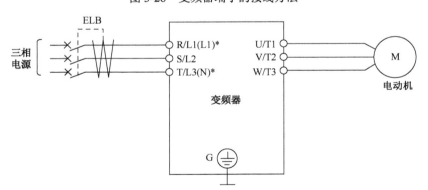

注：请将单相200V型（3G3MX2-AB□□□）连接到L1、N端子上。

图 3-29　三相异步电动机的连接方法

③ 参数设置。

（a）参数初始化操作如下。

b084=03；异常监控清除+数据初始化。（若将全部数据初始化，b094=00。）

b180=01；初始化，模式选择实行。

（b）参数设置见表3-10。

表3-10　参数设置表

参　数	功能名称	数　据	初始值	备　注
A001	第1频率指令选择	01（控制电路端子台）	02	
A002	第1运行指令选择	01（控制电路端子台）	02	
C001	多功能输入1选择	00（FW:正转）	00（FW）	使用其他输入端子时参数No.不同
C002	多功能输入2选择	01（RV:反转）	00（RV）	使用其他输入端子时参数No.不同

（c）参数设置技巧如图3-30所示。

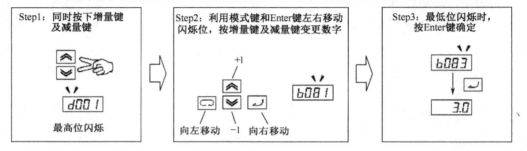

图 3-30　参数设置技巧

（3）请用数字操作器设置不同频率（15Hz、25Hz、45Hz）。

（4）操作电动机的启动、停止，监视变频器的输出频率、输出电流、正/反转状态、输出转矩、输出电压、异常警告等内容。

2. 远程操作控制

（1）任务要求

使用外部按钮开关控制变频器正反转、启动/停止。变频器频率通过F001参数设定控制。

（2）硬件接线

硬件接线方法如图3-31所示。

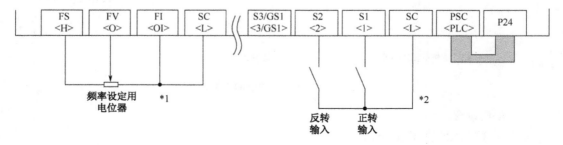

图 3-31　硬件接线方法

（3）控制参数的确定

控制参数设置见表 3-11。

表 3-11　参数设置表

参　数	功能名称	数　据	初 始 值	备　注
A001	第 1 频率指令选择	01（控制电路端子台）	02	
A002	第 1 运行指令选择	01（控制电路端子台）	02	
C001	多功能输入 1 选择	00（FW：正转）	00（FW）	使用其他输入端子时参数 No.不同
C002	多功能输入 2 选择	01（RV：反转）	00（RV）	使用其他输入端子时参数 No.不同

请根据需要变更表 3-12 所列参数。

表 3-12　参数设置表

参数 No.	功能名称	数　据	初 始 值
F002	第 1 加速时间设定	0.01～99.99 秒 100.0～999.9 秒 1000.0～3600.0 秒	10.00 秒
F003	第 1 减速时间设定	0.01～3600.0 秒 100.0～999.9 秒 1000.～3600.秒	10.00 秒

（4）调试

接通外部开关 S1，变频器正转运行，RUN 灯亮，d003 参数显示 F（正转）。断开 S1 和 SC 变频器停止运行，RUN 灯熄灭，d003 显示 o（停止）。

接通外部开关 S2，变频器反转运行，RUN 灯亮，d003 参数显示 r（反转）。断开 S2 和 SC 变频器停止运行，RUN 灯熄灭，d003 显示 o（停止）。

频率通过变频器 F001 参数调整。

使用二线式控制时，如外部 S1、S2 输入信号都 ON，则变频器停止。

（5）拓展

若改为三线式控制，即 S1 控制启动，S2 控制停止，S3 控制正转/反转输入，应如何设置变频器各个参数？

3. 多段速控制

（1）任务要求

使用外部按钮开关，通过 PLC 程序控制输出端子从而控制变频器启停，由数字操作面板设置输出频率，变频器启动后加速 7s 到达目标频率 50Hz，接收到外部的多段速指令 1（SF1）的信号后，变频器减速到 25Hz 运行。接收到停止信号，从 25Hz 减速到停止，减速时间为 2s。

（2）在下框中绘制硬件 PLC 和变频器的硬件接线图。

（3）控制参数的设定填入下框中。

（4）拓展

想一想

如何使用多段速指令 CF1 实现上述操作？并思考使用 CF1 和 SF1 有什么不同？

3.2.5 气动系统的相关知识

在物料分拣控制系统中，机械手和气缸推杆都是气动部件。下面认识一下气动的执行元件和控制元件。

1. 气动系统的执行元件认识与作用

（1）双作用单出杆气缸

双作用单出杆气缸如图 3-32 所示，它是在相反的两个方向都要输出作用力，一端进气输出推力和拉力时，另一端排气，压缩空气可以在两个方向上做功。由于气缸活塞的往返运动全部靠压缩空气来完成，因此称为双作用气缸。双作用单出杆气缸一侧有一条活塞杆伸出，该种气缸用于物料分拣控制系统装置中机械手部分的提升气缸和传送带的推料气缸上。

（2）双作用双出杆气缸

双作用双出杆（又称双联气缸）如图 3-33 所示，它是将两个单杆气缸并联成一体，用于要求高精度导向的场合，如位置精度（平面度、直角度等）要求高的组装机器人和工件搬送设备上。双作用双出杆气缸有两个进气孔，气缸的一侧有两条活塞杆伸出，该种气缸用于物料分拣控制系统装置中的机械手悬臂伸缩气缸上。

（3）摆动气缸

摆动气缸（又称旋转气缸）如图 3-34 所示，它是利用压缩空气驱动输出轴在小于 360° 范围内做往复摆动的一种气缸。摆动气缸按结构特点可分为叶片式和齿轮式两大类。摆动气缸一个进气孔进气，活塞杆向一个方向运动，另一个进气孔进气，活塞杆向另一个方向转动。叶片式摆动气缸体积小，重量轻。物料分拣控制系统装置中机械手部分的摆动气缸为叶片式。

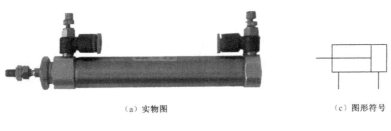

（a）实物图　　　　　　　　　　　　　　　　（c）图形符号

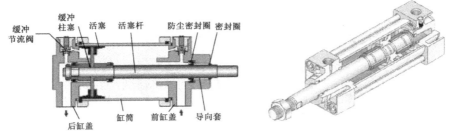

（b）结构示意图

图 3-32　双作用单出杆气缸

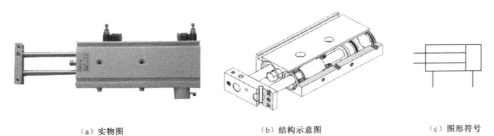

（a）实物图　　　　　　　（b）结构示意图　　　　　　　（c）图形符号

图 3-33　双作用双出杆气缸

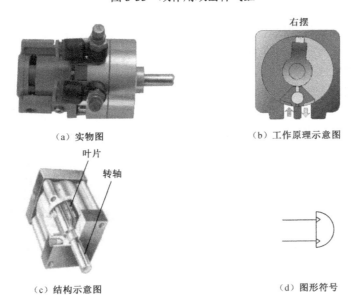

（a）实物图　　　　　　　　　　　　　　（b）工作原理示意图

（c）结构示意图　　　　　　　　　　　　（d）图形符号

图 3-34　摆动气缸

（4）手指气缸

手指气缸（又称气爪）如图 3-35 所示，它具有各种抓取功能。气动手爪的开闭一般是通过由气缸活塞产生的往复直线运动带动与手爪相连的曲柄连杆、滚轮或齿轮等机构，驱动各个手爪同步做开、闭运动。手指气缸是气动机械手中的一个重要部件。物料分拣控制系统装置中机械手部分的手指气缸是平行气爪。

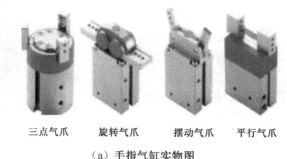

三点气爪　　旋转气爪　　摆动气爪　　平行气爪

（a）手指气缸实物图

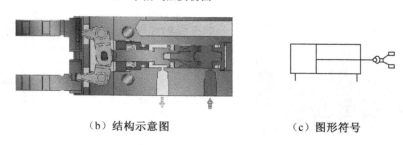

（b）结构示意图　　　　　　　　　　（c）图形符号

图 3-35　手指气缸

2. 气动系统的控制元件

在气压传动系统中，用来控制与调节压缩空气的压力、流量、流动方向和发送信号，为保证执行元件按照设计程序正常动作的元件称为气动控制元件。按其功能和作用分为方向控制阀、流量控制阀和压力控制阀三大类。

（1）二位五通电磁换向阀

在物料分拣控制系统装置中，方向控制阀采用电磁阀控制方式。电磁阀是利用电磁线圈通电时，静铁芯对动铁芯产生的电磁吸力使阀芯改变位置实现换向的阀，称为电磁换向阀。阀的切换通口包括供气口、输出口和排气口，阀的阀芯有几个工作位置就是几位阀。物料分拣控制系统装置中使用的是二位五通电磁换向阀，如图 3-36 所示。

① 电磁阀的组成。

二位五通电磁换向阀的结构由电磁部分和阀体部分组成。电磁部分由固定铁芯、动铁芯、线圈、指示灯、接线端子等部件组成。主阀体由主阀腔、通口、阀芯组成。主阀腔是相通的，腔中间是阀芯，阀芯位置改变，阀的气路随之改变。

② 电磁阀的图形符号。

（a）用方格数表示阀的工作位数，有两个方格的是两位阀。

（b）在一个方格内箭头、堵塞符号"┳"、"┴" ▽ 与方格的交点（形成+）数为气路口通路数，图中有五个交点，即为五通阀。

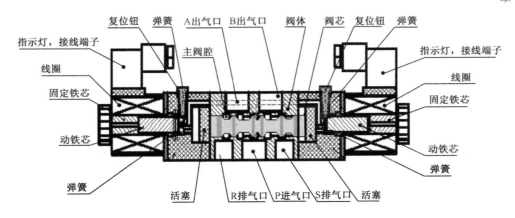

（a）二位五通电磁换向阀结构示意图

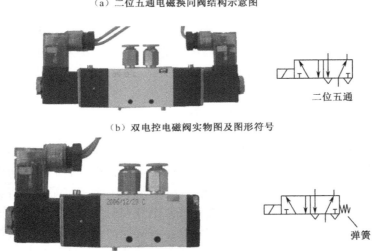

（b）双电控电磁阀实物图及图形符号

（c）单电控电磁阀实物图及图形符号

图 3-36　电磁阀

（c）方格内箭头表示两气口相通，并表示阀内气体的流向。

（d）▱ 表示电磁控制。

（e）⋏⋏⋏⋏ 表示复位弹簧。

③ 电磁阀的工作过程。

（a）单电控电磁阀工作过程如下。

在物料分拣控制系统装置中，三个推料气缸的换向阀采用的是单电控电磁阀，它只有一个电磁铁，图 3-37 所示为单电控电磁阀的工作原理示意图。现在以推料气缸工作为例，分析单向电磁阀的工作过程。

当有金属物料到达料槽处，电感传感器向 PLC 发出有料信号，PLC 给电磁阀发出电信号，电磁阀指示灯亮，线圈得电，产生电磁力，吸动动铁芯并压缩动铁芯复位弹簧向右移动，于是气体推动活塞右移，气路改变，气体从进气口 P 经主阀腔，沿着 PA 方向进入气缸，将气缸活塞推出，物料被推到指定位置。同时，气缸右侧气体沿气路从气口 B 进入主阀腔，由排气口 S 排出，若在工作现场，就能听到"啪、啪"的排气声。

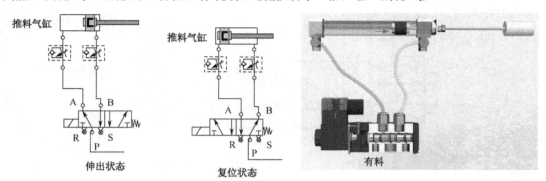

图 3-37 单电控电磁阀的工作原理示意图

在金属物料被推到指定位置后，电磁阀线圈失电，右侧复位弹簧复位，推动阀芯向左移动，气路改变，气体从进气口 P 经主阀腔，沿着 PB 方向进入气缸，将活塞收回或保持收回状态。气缸左侧气体沿气路从气口 A 进入阀体，由排气口 R 排出。

（b）双电控电磁阀工作过程

在物料分拣控制系统装置中，旋转（摆动）气缸、悬臂气缸、提升气缸和夹紧（手指）气缸的换向阀都采用双电控电磁阀。两位五通双电控电磁阀动作原理是给正动作线圈通电，则正动作气路接通（正动作出气孔有气），即使给正动作线圈断电后正动作气路仍然是接通的，将会一直维持到给反动作线圈通电为止。给反动作线圈通电，则反动作气路接通（反动作出气孔有气），即使给反动作线圈断电后反动作气路仍然是接通的，将会一直维持到给正动作线圈通电为止。双向电控阀用来控制气缸进气和出气，从而实现气缸的伸出、缩回运动。单向电控阀用来控制气缸单个方向运动，靠其他力（如弹簧力）来复位。单向电控阀与双向电控阀区别在于双向电控阀初始位置是任意的，可以随意控制两个位置，而单控阀初始位置是固定的，只能控制一个方向。

想一想

结合机械手和推料气缸的动作，说一说气动的执行元件和控制元件是如何配合工作的？

查一查 课外信息

1. 查阅变频器的用途、使用方法等有关资料。印制一份 3G3MX2 变频参数一览表。
2. 查阅 PLC I/O 单元和扩展单元有关信息，了解它们的应用。

任务 3 计划决策

本阶段请各小组针对项目的目标与要求设计一个工作计划，主要包括以下三个方面。

3.3.1 计划工作步骤

3.3.2 岗位分工

工作小组人员分工，明确岗位职责，填写表 3-13。

表 3-13 项目 3 人员姓名及岗位分工表

人　员	岗　位	职　责

3.3.3 时间安排

项目任务时间安排见表 3-14。

表 3-14　项目 3 时间安排表

工 作 任 务	时 间 分 配	负 责 人

任务 4　项目实施

3.4.1　硬件选型

① 根据系统的控制功能，确定硬件设备及其型号，见表 3-15。

表 3-15　项目 3 硬件设备及其型号登记表

序号	设 备 名 称	符 号	型 号 规 格	单位	数量
1					
2					
3					
4					
5					
6					
7					
8					

② 控制电路设计与绘制。要求：铅笔绘图，A4 纸。

③ 绘制主电路模拟接线图。见附图。

3.4.2　安装电路

① 清点工具和仪表。根据项目的具体内容选择工具与仪表，并放置在相应的位置，填写表 3-16。

表 3-16 项目 3 工具与仪表登记表

序号	工具与仪表名称	型号与规格	数量	作用
1	一字螺丝刀	100mm		
2	一字螺丝刀	150mm		
3	十字螺丝刀	100mm		
4	十字螺丝刀	150mm		
5	尖嘴钳	150mm		
6	斜口钳			
7	剥线钳			
8	电笔			
9	万用表			

② 选用元器件及导线。按照元件清单选择元器件。

③ 元器件检查。元器件选定后，首先应检测其质量。检测包括外观检测和万用表检测两部分。

3.4.3 项目实施过程

1．分析控制设备，列出 I/O 分配表，见表 3-17

表 3-17 物料分拣控制系统 I/O 分配总表

输 入 部 分		输 出 部 分	
名称	地址	名称	地址
启动按钮		驱动悬臂伸出	
停止按钮		驱动悬臂缩回	
悬臂气缸前限位传感器		驱动手臂下降	
悬臂气缸后限位传感器		驱动手臂上升	
手臂气缸下限位传感器		驱动向右旋转	
手臂气缸上限位传感器		驱动向左旋转	
旋转气缸左限位传感器		驱动气爪夹紧	
旋转气缸右限位传感器			
气爪气缸夹紧限位传感器			
抓料平台光电传感器			
进料口光电传感器			
位置 I 电感传感器			
气缸 I 前限位			
气缸 I 后限位			
位置 II 光纤传感器			
气缸 II 前限位			
气缸 II 后限位			
位置 III 光纤传感器			
气缸 III 前限位			
气缸 III 后限位			

2. 绘制系统工作的流程图如图 3-38 所示

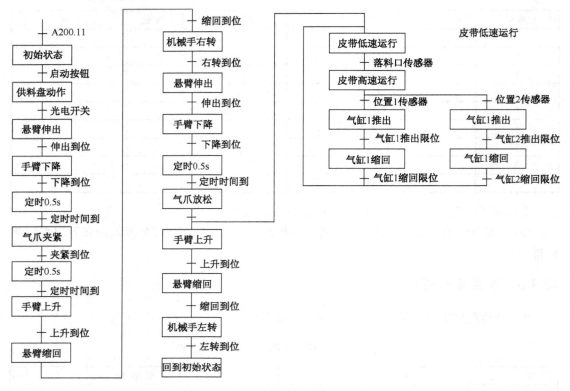

图 3-38　物料分拣控制系统工作流程图

3. 根据流程图绘制 SFC 图，并填写表 3-18

4. 编写梯形图

① 子任务一：机械手控制部分编程

填写表 3-19。

表 3-18　项目 3 机械手控制任务实施任务单

组号		成员		得分	
任务实施	1. 绘制 SFC 图				
	1. 在 CX-Programmer 软件中编写梯形图（注意停止条件的添加）				

续表

任务实施	3．使用触摸屏调试程序 （1）触摸屏画面制作 （2）地址分配 （3）PLC-PT 联合仿真 出现问题　　　　　　　　　解决方法
知识拓展	气爪在抓取工件前后和放置工件前为什么有延时？ 这样做能可靠地将工件提升搬运，一方面为了让手臂气缸活塞下降到最低处，另一方面在降到最后有个停顿，能消除工件下降过程中的惯性作用，使夹取和放置更加精准

表 3-19　项目 3 编程过程记录及评价表

班级：　　　　　　姓名：　　　　　　组号：　　　　　　成绩：　　　　　

工序	实施记录		教师评价	评价内容	自评	互评
一、I/O 分配表 （15 分）	完成时间			1．能完成输入/输出点数的分析 2．能完整填写出 I/O 分配表 3．能将输入/输出点与对应的 SFC 的状态结合，能说出 PT 的输入/输出对应状态		
	输入点数					
	输出点数					
二、流程图及 SFC 图（25 分）	完成时间			1．能绘制出流程图，且流程图合理，状态和转换条件准确 2．能对应流程图绘出 SFC 图，状态步、转换条件和输出动作准确 3．SFC 图绘制格式规范		
	流程图绘制计时					
	流程图绘制准确					
	状态数					
	转换条件确定情况					
	规范程度					
三、梯形图 （30 分）	完成时间			1．能根据 SFC 图转换成梯形图 2．能使用 CX-Programmer 软件录入、检查程序 3．正确添加停止条件		
	步数					
	逻辑错误数					
	停止条件正确					
四、PT 联合调试 （20 分）	完成时间			1．完成触摸屏画面的制作，结合 I/O 表正确填入地址 2．触摸屏画面美观规范 3．能完成 PLC 和触摸屏程序的顺利下载与调试 4．能实现机械手控制功能		
	PT 画面评价					
	程序顺利下载					
	能否完成功能					
五、其他（10 分）	1．自觉遵守 6S 管理规范，尤其遵守实训室安全规范					
	2．自我约束力较强，小组成员间能良好沟通，团结协作完成工作					
	3．能自主学习相关知识，有钻研和创新精神					
	4．对自己及他人的评价客观、真诚，真实反映实际情况					

② 子任务二：工件的识别与检测

填写表 3-20 和表 3-21。

表 3-20 项目 3 工件的识别与检测任务实施任务单

组号		成员		得分	
任务实施	1. 绘制 SFC 图				
	2. 在 CX-Programmer 软件中编写梯形图（注意停止条件的添加）				
	3. 变频器参数设置				

	参数名称	功能			设定值
变频器的参数表					

工作过程	1. 接通变频器电源 2. 将变频器初始化 3. 设置参数 检查各参数设置是否正确	记录问题	

4. 使用触摸屏调试程序

（1）触摸屏画面制作

（2）画面中地址分配

续表

任务实施	（3）PLC-PT 联合仿真 出现问题　　　　　　　　　　解决方法		
	（4）PLC、变频器、触摸屏硬件调试 出现问题　　　　　　　　　　解决方法		
拓展	若有三种工件黑色物料、金属和白色物料，另加黑色物料的识别传感器、推料气缸和料槽，应该如何编写控制程序？		

表 3-21　项目 3 编程过程记录及评价表

班级：_____　　姓名：_____　　组号：_____　　成绩：_____

工序	实施记录		教师确认	评价内容	自评	互评
一、I/O 分配表 （10 分）	完成时间			1．能完成输入/输出点数的分析 2．能完整填写出 I/O 分配表 3．能将输入/输出点与对应的 SFC 的状态结合，能说出 PT 的输入/输出对应状态		
	输入点数					
	输出点数					
二、流程图及 SFC 图 （20 分）	完成时间			1．能绘制出流程图，且流程图合理，状态和转换条件准确 2．能对应流程图绘制出 SFC 图，状态步、转换条件和输出动作准确 3．SFC 图绘制格式规范		
	流程图绘制计时					
	流程图绘制准确					
	状态数					
	转换条件确定情况					
	规范程度					
三、梯形图（20 分）	完成时间			1．能根据 SFC 图转换成梯形图 2．能使用 CX-Programmer 软件录入、检查程序 3．正确添加停止条件		
	步数					
	逻辑错误数					
	停止条件正确					

续表

四、变频参数设置接线（15分）	完成时间	1. 能独立进行变频器参数初始化 2. 能根据控制要求正确设置多段速运行参数 3. 能独立完成与PLC及电动机间的接线	
	与PLC、电动机的接线情况		
	参数设置		
五、PT设计（15分）	完成时间	1. 完成触摸屏画面的制作，结合I/O表正确填入地址 2. 触摸屏画面美观规范。能完成PLC和触摸屏程序的顺利下载与调试	
	PT画面评价		
	程序顺利下载		
六、调试（10分）	能否完成功能	能完整实现控制功能（按实现功能比例得分）	
七、其他（10分）	1. 自觉遵守6S管理规范，尤其遵守实训室安全规范		
	2. 自我约束力较强，小组成员间能良好沟通，团结协作完成工作		
	3. 能自主学习相关知识，有钻研和创新精神		
	4. 对自己及他人的评价客观、真诚，真实反应实际情况		

5. 在CX-Programmer编程软件中录入梯形图

在CX-Programmer编程软件中将机械手和工件识别检测分别放入两个段内，如图3-39所示。

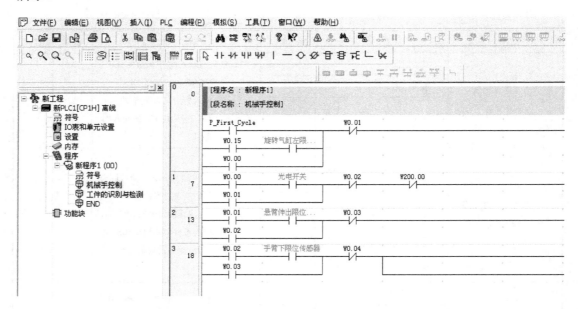

图3-39　在CX-Programmer编程软件中建立程序段录入程序

（1）机械手控制部分参见图3-40。

图 3-40 机械手控制程序

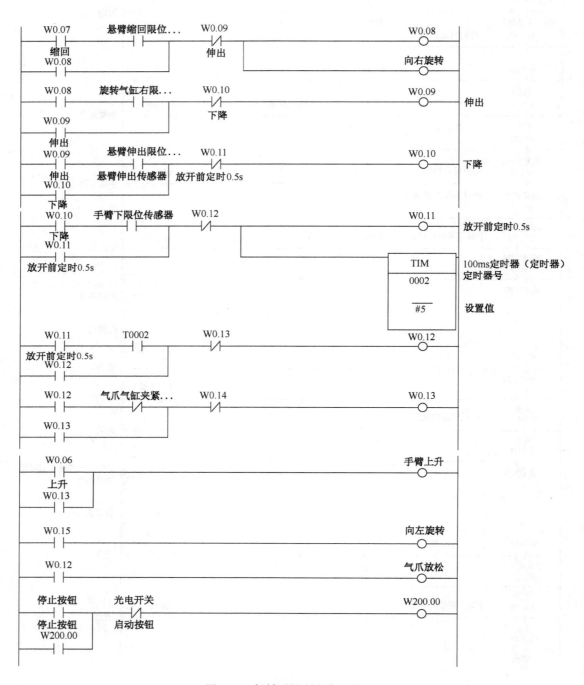

图 3-40　机械手控制程序（续）

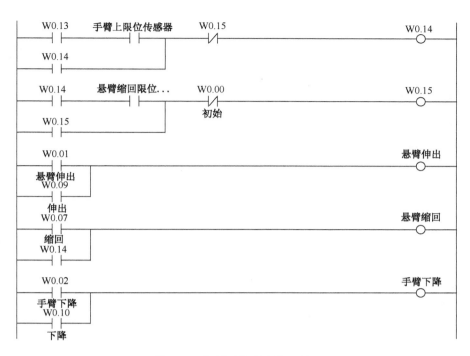

图 3-40　机械手控制程序（续）

（2）工件的识别与检测参见图 3-41。

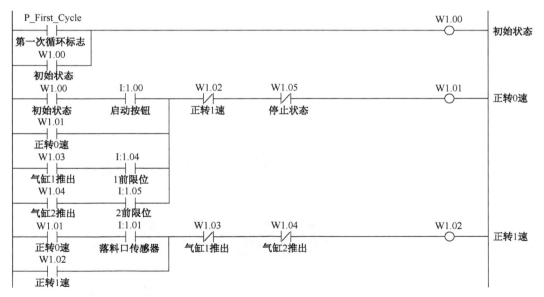

图 3-41　工件识别与检测控制程序

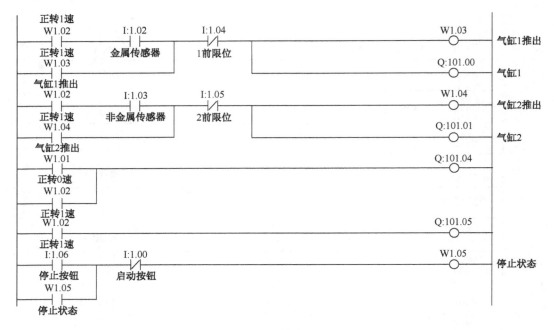

图 3-41　工件识别与检测控制程序（续）

6．绘制触摸屏画面

（1）新建项目

打开 CX-Designer 软件，新建项目，正确设置机型、版本、项目名称。单击确定后，软件自动创建屏幕/背景页等，单击确定按钮。右击屏幕类别，选择新建屏幕，设置三个屏幕名称分别为"欢迎界面"、"机械手控制系统"和"工件的识别与检测"。

（2）绘制欢迎界面

添加标签对象，命名为"欢迎进入物料分拣控制系统"；添加命令按钮对象，分别命名为"机械手控制系统"和"工件的识别与检测"；添加日期和时间控制对象，适当设置样式。设置完成如图 3-42 所示。

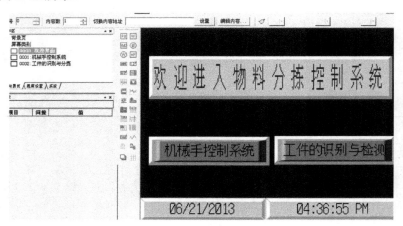

图 3-42　物料分拣系统欢迎界面

（3）绘制机械手控制画面

① 使用图形工具，在工作区绘制机械手的左右位置。

② 添加 ON/OFF 功能对象，按照 I/O 分配表设置名称并编址，适当设置图形样式。

③ 添加位灯功能对象，按照 I/O 分配表设置名称并编址，适当设置图形样式。添加完成如图 3-43 所示。

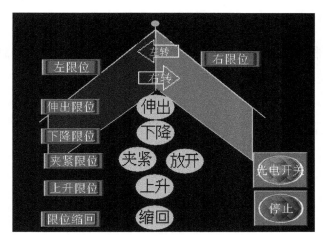

图 3-43　机械手控制画面

（4）绘制工件的识别与检测控制画面

① 使用图形工具，在工作区绘制工作背景。

② 添加 ON/OFF 功能对象，按照 I/O 分配表设置名称并编址，适当设置图形样式。

③ 添加位灯功能对象，按照 I/O 分配表设置名称并编址，适当设置图形样式。添加完成如图 3-44 所示。

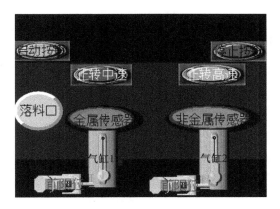

图 3-44　工件的识别与检测控制画面

7. 联机调试与故障排除

上电调试运行。在联机调试过程中，梯形图程序进入监视状态，调试过程如下。

（1）接线检查

在变频器和 PLC 接线完成后，再次检查接线是否正确。

（2）通电检查

接线检查完成后，PLC、计算机和变频器通电，检查控制系统有无异常。如果出现异常要立即关闭电源，再次检查接线是否正确，排除故障后再通电。

（3）设置变频器参数

（4）程序下载

将物料分拣控制系统梯形图程序和触摸屏控制画面下载到 PLC 和触摸屏中，进入带载监视运行模式。

（5）调试运行

描述调试结果

（6）排除故障

调试过程中遇到问题及解决方案

任务5 项目评价

项目安装完工后，根据表3-22进行项目评价。

表3-22 项目3评价表

考核项目		考核内容		项目分值	自我评价	小组评价	教师评价
专业能力 60%	1. 工作准备的质量评估	（1）器材和工具、仪表的准备数量是否齐全与检验的方法是否正确 （2）辅助材料准备的质量和数量是否适用 （3）工作周围环境布置是否合理、安全		10			
	2. 工作过程各个环节的质量评估	（1）工作顺序安排是否合理 （2）计算机编程软件使用是否正确 （3）图纸设计是否正确规范 （4）导线的连接是否能够安全载流、绝缘是否安全可靠、放置是否合适 （5）安全措施是否到位		20			
	3. 工作成果的质量评估	（1）程序设计是否功能齐全 （2）电器安装位置是否合理、规范 （3）程序调试方法是否正确 （4）环境是否整洁干净 （5）其他物品是否在工作中遭到损坏 （6）整体效果是否美观		30			
综合能力 40%	信息收集能力	基础理论、收集和处理信息的能力；独立分析和思考问题的能力		10			
	交流沟通能力	编程设计、安装、调试总结 梯形图程序设计方案		10			
	分析问题能力	梯形图程序设计、安装接线、联机调试基本思路、基本方法研讨 工作过程中处理程序设计		10			
	团结协作能力	小组中分工协作、团结合作能力		10			
备注	强调项目成员注意安全规程及行业标准，本项目可以小组或个人形式完成						

项目 3 测评

1. 选择题

（1）如图 3-45 所示，当 I:0.00 为 ON 时，下列说法正确的是（　　）。

    A. W0 第 5 位开始至 W0 第 20 位共 15 位置 1

    B. W0 第 5 位开始至 W0 第 20 位共 15 位置 0

    C. W0 第 5 位开始至 W1 第 8 位共 20 位置 1

    D. W0 第 5 位开始至 W1 第 8 位共 20 位置 0

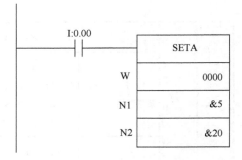

图 3-45　题 1（1）图

（2）在供料机构中，用于检测出料口有无物料的传感器属于（　　）。

    A. 电感式传感器　　　　　　　　B. 光电式传感器

    C. 磁性传感器　　　　　　　　　D. 光纤传感器

（3）机械手搬运机构中，通过（　　）实现机械手的伸出、缩回，而机械手的提升、下降则是采用（　　）。

    A. 单作用单出杆气缸　　　　　　B. 双作用单出杆气缸

    C. 单作用双出杆气缸　　　　　　D. 双作用双出杆气缸

（4）物料输送分拣机构，通过（　　）实现金属材质工件的检测，而白、黑尼龙材质工件的检测则是通过（　　）。

    A. 电感式传感器　　　　　　　　B. 光电式传感器

    C. 磁性传感器　　　　　　　　　D. 光纤传感器

（5）一个完整的气动系统由能源部件、控制元件、执行元件和辅助装置组成，其中气缸属于（　　），单向节流阀和电磁阀属于（　　），气源组件属于（　　）。

    A. 能源部件　　　B. 控制元件　　　C. 执行元件　　　D. 辅助装置

（6）电感传感器按照输出形式，分为模拟量和开关量输出；但其工作原理是建立在（　　）基础上，将某些（　　）的变化转换成（　　）的变化，再经测量电路转换成（　　）。

    A. 电信号　　　　B. 电感量　　　　C. 电磁感应　　　D. 物理量

（7）物料分拣系统中 E3Z-LS61 与 GO13-MDNA-AN 型号的光电传感器均属于（　　）。

    A. 漫反射型　　　B. 镜面反射性　　　C. 对射型　　　　D. 沟槽型

（8）3G3MX2 系列变频器的 R/L1、S/L2、T/L3 是主电源输入端子，在单相输入时应连接至（　　）。

    A. R/L1 和 S/L2　　　B. R/L1 和 T/L3　　C. S/L2 和 T/L3

（9）3G3MX2 变频器设定启动频率 10Hz、最高频率 60Hz，加速时间设定为 6s；请问该变频器启动后达到 35Hz 频率时，所用时间为（　　）。

    A．2.5s　　　　　B．3.5s　　　　　C．5s　　　　　D．6s

（10）3G3MX2 系列变频器采用（　　）通信协议。

    A．Modbus-RTU　B．profi-drive　C．ANOPEN　　　D．Modbus

（11）变频器接电源的三个端子是（　　）。

    A．U、V、W　　　B．R、S、T　　　C．FV、FI、RP　　D．S1、S2、S3

（12）设定 3G3MX2 变频器运行指令的参数是（　　）。

    A．A001　　　　　B．A002　　　　　C．A003　　　　　D．A004

（13）如果频率为 10Hz 时，电动机转速为 300r/min，那么频率为 30Hz 时，电动机转速为（　　）r/min。

    A．600　　　　　B．900　　　　　C．1200　　　　　D．1500

（14）F003 的功能是（　　）。

    A．用来设定电动机运行频率的上限

    B．用来设定电动机运行频率的下限

    C．用来设定电动机加速时间

    D．用来设定电动机减速时间

（15）当 A002 设为"02"时，变频器的运行指令为（　　）。

    A．通过控制电路端子台指定运行/停止

    B．通过数字操作器、远程操作器指定运行/停止

    C．通过 RS485 通信指定运行/停止

    D．通过选件板指定运行/停止

2．判断题

（1）SET 和 RSET 指令必须成对出现。　　　　　　　　　　　　　　　　（　　）

（2）机械手搬运机构中，只有左右限位传感器采用的是电感传感器，其他的限位传感器均采用磁性传感器。　　　　　　　　　　　　　　　　　　　　　　　　（　　）

（3）物料输送分拣机构中，通过变频器控制实现三相交流异步电动机能够以不同频率工作。　　　　　　　　　　　　　　　　　　　　　　　　　　　　　　　　　（　　）

（4）机械手四个气缸由单电控换向阀组成，三个推料气缸由单电控电磁阀组成。

                                                        （　　）

（5）在物料分拣系统中，电感传感器选用检测距离应适中，安装距离过大，检测不出来；距离过小，易造成被测物体与传感器刮碰，不能正常工作。　　　　　　　（　　）

（6）磁性传感器应用条件是被检测的物体必须具备磁性，因为传感器只能对磁性物体起作用。　　　　　　　　　　　　　　　　　　　　　　　　　　　　　　　　　（　　）

（7）光纤传感器在使用时，光纤探头前无被检测物体，但无论怎样调节灵敏度旋钮动作显示灯始终点亮，可能是由于动作状态切换开关处于 L 挡位。　　　　　　（　　）

（8）变频器是将固定频率的交流电源改变成可变频率的直流电源，从而实现对电动机进行调速控制的装置。　　　　　　　　　　　　　　　　　　　　　　　　　（　　）

（9）变频器中给电动机提供调压调频电源的电力变换部分称为主电路；给主电路提供控制信号的回路，称为控制电路。　　　　　　　　　　　　　　　　（　　　）

（10）3G3MX2 变频器可通过多功能输入端子（S1～S7）的 4 个端子的二进制组合（最大 2^4=16 段速）或 7 个端子位（最大 8 段速）两种方式实现多段速。　　（　　　）

（11）物料分拣控制系统中机械手部分的旋转气缸为齿轮式气缸。　　　（　　　）

（12）物料分拣控制系统中压力控制阀采用二位五通电磁阀，流量控制阀采用单向节流阀实现压缩空气流量的控制。　　　　　　　　　　　　　　　　　　　（　　　）

（13）单向电控阀与双向电控阀区别在于双向电控阀初始位置是任意的，可以随意控制两个位置。　　　　　　　　　　　　　　　　　　　　　　　　　　　（　　　）

（14）在同一段程序中，既可用 TIM000 来定时，又可用 CNT000 来计数，二者不会发生冲突。　　　　　　　　　　　　　　　　　　　　　　　　　　　　（　　　）

（15）在实际接线操作时，外部输入和外部输出不需要接电源。　　　　（　　　）

项目 4
四层电梯控制系统

实训目的

1. 学会 CPM2A PLC 的相关应用指令，学会应用高速计数器。
2. 学会松下变频器 VF100 参数的设置方法。
3. 了解旋转编码器等传感器的结构、特点及电气接口特性。
4. 了解电梯控制系统的组成以及电梯的运行原则。
5. 学会使用旋转编码器实现平层定位。
6. 学会编写基本的电梯控制程序。
7. 学会电梯常见故障的排除方法，能够根据电梯运行的故障现象排除故障点。
8. 掌握 PLC、变频器、触摸屏的综合应用。

实训要求

1. 熟练使用 CX-Programmer 编程软件。
2. 学会使用触摸屏 CX-Designer 设计软件。
3. 学会使用 PLC 实现电梯控制。

任务 1 项目引入

4.1.1 项目任务

随着城市建设的不断发展，高层建筑不断增多，电梯已经成为现代生活必不可少的交通工具。因此，电梯的安全可靠性、迅速准确性、舒适性，对人们来说非常重要。本电梯实训系统采用 PLC 和交流变频调速控制，通过 PLC 的高速计数器端口采集信号实现准确平层。

本项目的电梯控制系统模型如图 4-1 所示，具有自动平层、自动开关门、顺向响应轿内外呼梯信号、直驶、电梯安全运行保护等功能，以及电梯停用、急停、检修、慢上、慢下、照明、风扇等特殊功能。

4.1.2 项目分析

电梯控制系统包括 PLC、变频器、检测元件、执行元件。

图 4-1 电梯模型

其控制过程分析如下。

（1）电梯具有两种运行模式：自动模式和手动模式（也称为消防模式）。

（2）在手动模式（消防模式）下，电梯轿厢可以实现上行、下行、开门、关门等动作，并且可以随时停止，随时开关门。

（3）在自动模式下，电梯的控制比较复杂，具体过程分析如下。

① 当由手动模式改为自动模式或者电梯在自动模式下通电时，电梯关闭轿厢门，然后自动下降，返回下基准位置进行原点定位。在此过程中，不响应任何呼叫信号。到达基准位置后，电梯可以接受呼叫信号，进入正常运行阶段。

② 当有外呼梯信号到来时，电梯去对应的楼层响应该呼梯信号。电梯轿厢响应某一个请求信号时，首先自动开门。如果有人按下关门按钮，轿厢将关门。如果没有人按下关门按钮，电梯轿厢门将延时一段时间后自动关门。

③ 当有内呼梯信号到来时，电梯去对应的楼层响应该呼梯信号。

④ 在电梯运行过程中，只响应经过楼层同方向的外呼梯信号，不响应经过楼层反向外呼梯信号。但如果某反向外呼梯信号前方再无其他内呼梯、外呼梯信号，则电梯响应该外呼梯信号。例如：电梯轿厢在一楼，将要运行到三楼，在此过程中可以响应二层向上外呼梯信号，但不响应二层向下外呼梯信号。同时，如果电梯到达三层，如果四层没有任何呼梯信号，则电梯可以响应三层向下外呼梯信号。否则，电梯将继续运行至四层，然后向下运行响应三层向下外呼梯信号。

⑤ 电梯应当具有最远反向外呼梯响应功能。例如：电梯轿厢在一层。而同时有二层向下外呼梯、三层向下外呼梯、四层向下外呼梯信号到来，则电梯先去四层响应四层向下外呼梯信号。

⑥ 电梯未平层或运行时，开门按钮、关门按钮均不起作用。平层且电梯停止运行后，按开门按钮轿厢门打开，按关门按钮轿厢门关闭。

⑦ 电梯具有显示现在轿厢所处于的楼层以及电梯轿厢运行方向的能力，方便乘客。

⑧ 电梯运行具有加速和减速控制。当电梯开始运行时，从某一个较低的初始速度开始加速，直到最高速度。当电梯将要接近一个需要停下来的楼层时，从最高速度进行减速，最后以一个较低的速度平层。楼层和平层检测采用旋转编码器累计脉冲计数来实现。

⑨ 电梯具有快车速度20Hz、爬行速度10Hz；

根据控制要求，电梯控制系统的总流程图如图4-2所示。

由项目分析可知，电梯主要有两种运动控制，一个是电梯轿厢的开关门控制，采用的是直流电动机驱动；另一个是电梯轿厢在电梯井道里的运动，用PLC的PWM脉冲输出功能驱动变频器，由变频器控制交流电动机的速度来实现。

想一想　电梯控制系统

① 电梯控制系统中主要电气元件有哪些？

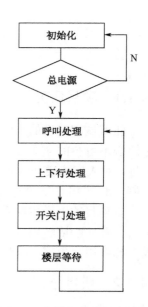

图4-2　电梯控制系统流程图

② 电梯的调度控制原则是什么？

③ 电梯是如何实现平层的？

查一查 课外信息采集

① 通过查阅资料了解电梯的分类与发展趋势。

② 通过查阅资料了解电梯的基本结构。

③ 通过乘坐观光电梯，了解其工作过程。

任务 2 信息收集

4.2.1 CPM2A CPU的基本结构

欧姆龙 CPM2A 是一种用于实现高速处理、高功能的程序一体化型 PLC。CPM2A 设有 20、30、40、或 60 内装 I/O 端子，有三种输出可用（继电器输出、漏型晶体管输出和源型晶体管输出）和两种电源可用（100/240 V AC 或 24V DC）。与 CPU 单元连接的扩展单元可多达三个。

CPM2A 的基本结构如图 4-3 所示。各部分功能如下。

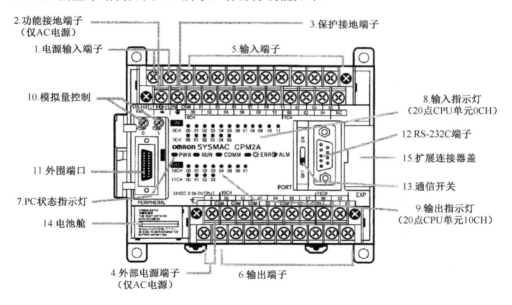

图 4-3 CP1H 的基本结构（XA 型）

4.2.2 欧姆龙CPM2A PLC简介

1. CPM2A CPU 单元型号的含义

CPM2A CPU 单元型号含义如图 4-4 所示。

2．CPM2A CPU 单元分配

CPU 单元分配情况如图 4-5 所示，在下面图表中，阴影部分表示实际用作输入或输出的位，输入位的分配起始于 IR00000，输出位的分配起始于 IR01000。

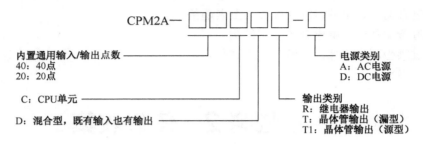

图 4-4　CPM2A CPU 单元型号

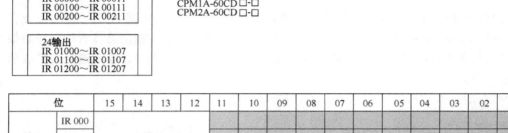

	位	15	14	13	12	11	10	09	08	07	06	05	04	03	02	01	00
输入	IR 000		不使用			▨	▨	▨	▨	▨	▨	▨	▨	▨	▨	▨	▨
	IR 001					▨	▨	▨	▨	▨	▨	▨	▨	▨	▨	▨	▨
	IR 002					▨	▨	▨	▨	▨	▨	▨	▨	▨	▨	▨	▨
输出	IR 010									▨	▨	▨	▨	▨	▨	▨	▨
	IR 011									▨	▨	▨	▨	▨	▨	▨	▨
	IR 012									▨	▨	▨	▨	▨	▨	▨	▨

图 4-5　CPU 单元分配情况

4.2.3　CPM2A PLC的存储区

1．CPM2A PLC 存储区功能说明

欧姆龙 CPM2A PLC 的软继电器有通道 IR 区、SR 区、TR 区、HR 区、AR 区、LR 区、定时器/计数器、DM 区等，存储区的功能说明见表 4-1。

表 4-1　CPM2A PLC 的存储区功能说明

数据区		字	位	功　能
IR 区	输入区	IR 000～IR 009（10 字）	IR 00000 ～ IR 00915（160 位）	这些位被分配到外部 I/O 端。输入位的分配起始于 IR00000。输出位的分配起始于 IR01000。
	输出区	IR 010～IR 019（10 字）	R 01000 ～ IR 01915（160 位）	未用作输出位的输出字中的位可用作工作位。未用作输入位的输入字中的位不可用作工作位

续表

数据区		字	位	功　能
IR 区	工作区	IR 020～IR 049, IR 200 ～ IR 227 （58 字）	IR 02000 ～ IR 04915, IR 20000～IR 22715 （928 位）	在程序中可任意地使用工作位，但是，它们仅能用在程序中而不能用于直接外部 I/O
SR 区		SR 228～SR 255 （28 字）	SR 22800 ～ SR 25515 （448 位）	这些位适用于特殊功能，如标志和控制位
TR 区			TR 0～TR 7 （8 位）	这些位用来临时存储程序分支的 ON/OFF 状态
HR 区②		HR 00～HR 19 （20 字）	HR 0000～HR 1915 （320 位）	当电源断开或运行开始或结束时，这些位用于存储数据或保持它们 ON/OFF 状态。它们的使用方法和工作位一样
AR 区②		AR 00～AR 23 （24 字）	AR 0000～AR 2315 （384 位）	这些位适用于特殊功能，如标志和控制位
LR 区①		LR 00～LR 15 （16 字）	LR 0000～LR 1515 （256 位）	用于和另一个 PC 1：1 PC 链接
定时器/计数器区②		TC 000～TC 255（定时器/计数器编号）2		定时器和计数器使用 TIM、TIMH（15）、CNT、CNTR（12）、TMHH（－）和 TIML（－）指令 定时器和计数器使用相同的编号
DM 区	读/写②	DM 0000～DM 1999 DM 2022～DM 2047 （2026 字）		仅以字单元形式访问 DM 区数据。当断开电源时或者开始或停止运行时，可保持字的数值 在程序中可任意地读和写读/写数据区内容
	出错记录	DM 2000～DM 2021 （22 字）		用来存储发生错误的时间和出现错误的出错记录。当出错记录功能未使用时，这些字可用作一般读/写 DM
	只读④,⑤	DM 6144～DM 6599 （456 字）		程序中不能重新写入
	PC 设置④,⑤	DM 6600～DM 6655 （56 字）		用来存储控制 PC 运行的各种参数

注：

① 未用于它们地址分配功能的 IR 和 LR 位可用作工作位使用。

② 当访问一个用作字操作数的 TC 号时，可访问定时器或计数器的 PV；当用作一个位操作数时，可访问它的完成标志。

③ DM6144～DM6655 中的数据不能由程序重复写入，但它们可由一个编程设备修改。

④ 程序和 DM6144～DM6655 中的数据存储在内存中。

⑤ HR 区、AR 区、计数器区和读/写 DM 区的内容由 CPU 单元的电池供电。如果电池被拆掉或失效，这些区内容将丢失并且恢复默认值。（在没有电池的 CPM2C CPU 单元里，这些存储区由一个电容器供电）。

2. 高速计数器

CPM2A CPU 单元有 5 个点可用于高速计数器，其中一个点用于最大响应频率为 20kHz 的高速计数器，其他 4 个点则用于中断输入（计数器模式），如图 4-6 所示。

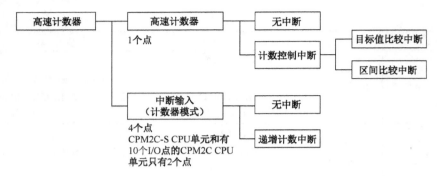

图 4-6　高速计数器

（1）高速计数器类型

CPM2A/CPM2C 可以提供一个内置高速计数器和一些内置中断输入。

① 高速计数器。

内置高速计数器是一个基于对 CPU 单元的内置点 00000～00002 输入的计数器。高速计数器本身有一个点，它可以依据模式设置提供一个递增/递减计数器或一个仅递增的计数器。高速计数器输入模式与控制方式见表 4-2。

表 4-2　高速计数器输入模式与控制方式

输入编号	响应频率	输入模式	控制方式
00000 00001 00002	5kHz	微分相输入模式	目标值比较中断 区间比较中断
	20kHz	脉冲＋方向输入模式 （−8388608～8388607） 增/减脉冲输入模式 （−8388608～8388607） 递增模式 （0～16777215）	

注：不用于计数器输入的输入点可作为普通输入使用。

② 中断输入（计数器模式）。中断输入（计数器模式）是基于对 CPU 单元的内置点 00003～00006 输入的计数器。这些计数器有 4 个点，依据模式设置它们提供递增或递减计数。由于这种功能是利用中断输入来计数，所以这些相同的输入位不能再用于其他中断输入。中断输入模式见表 4-3。

表 4-3　中断输入（计数器模式）模式

输入编号	响应频率	输入模式（计数值）	控制方式
00003	2kHz	递增计数器递 （0000～FFFF） 递减计数器 （0000～FFFF）	增计数中断
00004			
00005			
00006			

注：不用于计数器输入的输入点可作为普通输入使用。

（2）高速计数器应用

CPM2A/CPM2C 的 CPU 单元有一个可用于高速计数器的内置通道，它能以 20kHz 的最大频率进行计数输入。使用此通道并结合中断功能，可以在不偏离循环时间条件下执行目标值比较控制或区间比较控制。

高速计数器应用实例如图 4-7 所示。

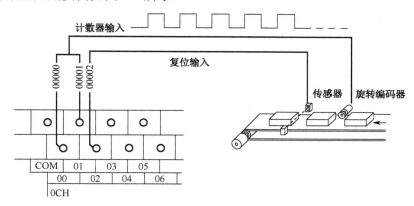

图 4-7 高速计数器应用实例

① 输入模式说明。

CPM2A 高速计数器输入模式说明见表 4-4。

表 4-4 CPM2A 高速计数器输入模式说明

项目		输入模式			
		差分相位	脉冲+方向	增/减输入	递增
输入号	00000	A 相输入	脉冲驱入	CW 输入	脉冲输入
	00001	B 相输入	方向输入	CCW 输入	①
	00002	Z 相输入（复位输入）①			
输入方式		差分相位输入（4X）	相位输入	相位输入	相位输入
响应频率		5kHz	20 kHz	20 kHz	20 kHz
计数值		−8388608～8388607			
计数器 PV 值存储指定 ②		字 SR248（最右位数字）和 SR249（最左位数字）			
中断	目标值比较	最多可以以递增或递减方式记录 16 个目标值和中断子程序号			
	区间比较	最多可记录 8 个区间（带上限和下限值）和中断子程序号			
计数器复位方式		Z 相信号+软件复位： 当 IR00002 变为 ON 而 SR25200 为 ON 状态时，计数器复位。③ 软件复位：当 SR25200 变为 ON 时，计数器复位。			

注：① 不用于计数器输入的输入点可作普通输入使用。

② 当这些字不作计数器 PV 值存储指示使用时，也可作一般 IR 字使用。

③ SR25200 每次循环被读取一次。在 Z 相前沿产生的一次复位最长可能需要一个周期。

② 接线方式。

根据输入模式和复位方式，按图 4-8 进行输入端接线。

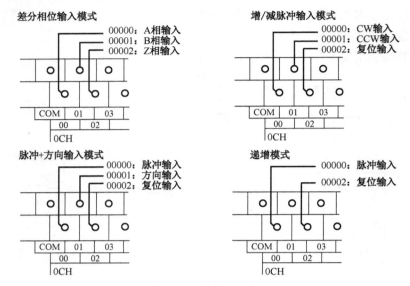

图 4-8　高速计数器接线图

4.2.4　指令系统

1. BCD-BIN 转换指令　BIN

功能：将通道内 BCD 数据转换为 BIN 数据。

操作元件：S：（源字，BCD 码）IR、SR、AR、DM、HR、TC、LR。

R：（结果字）IR、SR、AR、DM、HR、LR。

梯形图表示：如图 4-9 所示。

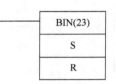

说明如下。

① 对 S 的 BCD 数据进行 BIN 转换，将结果输出到 R。

② 当 S 的内容不为 BCD 时，ER 标志位 ON。

③ DM 6144～DM 6655 不能用于 R。

图 4-9　BIN 指令梯形图

④ 转换结果 R 的内容为 0000Hex 时，EQ 标志位 ON。

⑤ 执行指令时，N 标志置于 OFF。

【例 4-1】　BIN 指令应用实例如图 4-10 所示。

图 4-10　例 4-1 指令示意图

2. BCD-BIN 双字转换指令 BINL

功能：将两个通道内双字 BCD 数据转换为 BIN 数据。

操作元件：S：（源字，BCD 码）IR、SR、AR、DM、HR、TC、LR。

R：（结果字）IR、SR、AR、DM、HR、LR。

梯形图表示：如图 4-11 所示。

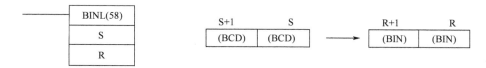

图 4-11　BINL 梯形图与转换示意图

说明如下。

① S～S+1 及 R～R+1 必须为同一区域种类。

② 对 S+1、S 的 BCD 双字数据进行 BIN 转换，将结果输出到 R+1、R。

③ 当 S+1、S 的内容不为 BCD 时、间接寻址字 DM 不存在时，ER 标志位 ON。

④ 转换结果 R+1、R 的内容为 00000000Hex 时，EQ 标志位 ON。

⑤ 执行指令时，N 标志置于 OFF。

【例 4-2】　梯形图如图 4-12 所示，描述其工作过程。

0.00 为 ON 时，将 201CH、200CH 的 BCD 8 位数据转换为 BIN32 位数据，输出到 D1001、D1000。

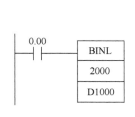

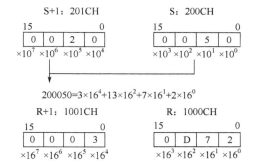

图 4-12　例 4-2 梯形图与转换示意图

3. BIN- BCD 转换指令 BCD

功能：将 BIN 数据转换为 BCD 数据。

操作元件：S：（源字，二进制）IR、SR、AR、DM、HR、LR。

R：（结果字）IR、SR、AR、DM、HR、LR。

梯形图表示：如图 4-13 所示 S 为转换数据源字，D 为转换结果目的通道。

图 4-13　BCD 梯形图

说明如下。

① 对 S 的 BIN 数据进行 BCD 转换，将结果输出到 D。

② S：0000～270F Hex（转换后 0000～9999 的值）。当 S 的内容不在 0000～270F Hex 范围时，ER 标志位 ON。

③ DM 6144～DM 6655 不能用于 R。

④ 转换结果 D 的内容为 0000 Hex 时，EQ 标志位 ON。

【例 4-3】 BCD 指令应用实例如图 4-14 所示。

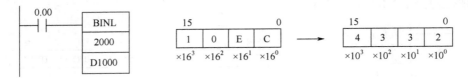

图 4-14　例 4-3 梯形图与转换过程

4. BIN-BCD 双字转换指令 BCDL

功能：将两个通道内双字 BIN 数据转换为 BCD 数据。

操作元件：CIO、W、H、A、T、C、D。

梯形图表示：如图 4-15 所示，S 为转换数据源字首地址，D 为转换结果目的通道首字。

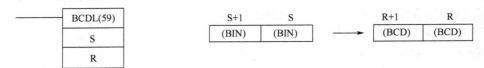

图 4-15　BCDL 梯形图与转换示意图

说明如下。

① 对 S+1、S 的 BCD 双字数据进行 BIN 转换，将结果输出到 R+1、R。

② 当 S+1、S 的内容不在 00000000～5F5E0FF Hex 范围时，ER 标志位 ON。

③ 转换结果 R+1、R 的内容为 00000000 Hex 时，EQ 标志位 ON。

④ 执行指令时，N 标志置于 OFF。

【例 4-4】 梯形图如图 4-16 所示，描述其转换过程。

0.00 为 ON 时，将 201CH、200CH 的 BIN32 位数据转换为 BCD8 位数据，输出到 D1001、D1000。

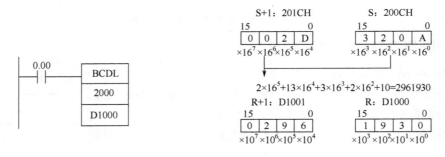

图 4-16　例 4-1 梯形图与转换示意图

5. BCD 加法指令 ADD

功能：把 Au、Ad 和 CY 的内容相加并把结果输出到 R。

操作元件：Au（被加字）:IR、SR、AR、DM、HR、TC、LR。

Ad（加字）：IR、SR、AR、DM、HR、TC、LR。

R（结果字）：IR、SR、AR、DM、HR、LR。

梯形图如图 4-17 所示。

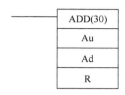

图 4-17 ADD 指令梯形图与执行过程

说明如下。

① DM 6144～DM 6655 不能用于 R。

② 当 Au 和/或 Ad 非 BCD 码，间接寻址字 DM 不存在。（字*DM 中的内容非 BCD 码，或者 DM 区域已经超出了范围）时，ER 置位。

③ 当结果中有进位时，CY 置 ON（结果大于 9999）。

④ 当结果为 0 时，EQ 置 ON。

【例 4-5】 梯形图如图 4-18 所示，描述其工作过程。

解： 0.00 为 ON 时，把 IR200 的内容和常数（6130）相加，将结果存入 DM0100。

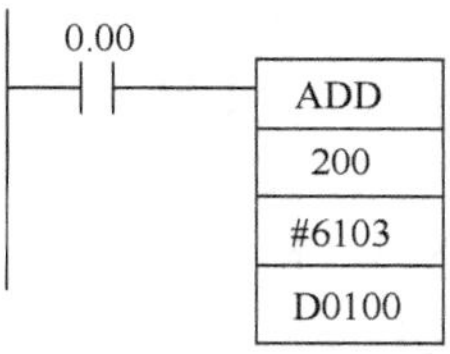

6. 双字 BCD 加法指令 ADDL

功能：把 CY 的内容与 Au 和 Au+1 中的 8 位数值以及 Ad 和 Ad+1 的 8 位数值相加并把结果输出到 R 和 R+1。

操作元件：Au（被加数首字）：IR、SR、AR、DM、HR、TC、LR。

图 4-18 例 4-5 梯形图

Ad（加数首字）：IR、SR、AR、DM、HR、TC、LR。

R（结果首字）：IR、SR、AR、DM、HR、LR。

梯形图如图 4-19 所示。

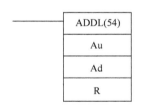

图 4-19 ADDL 指令梯形图与执行过程

说明如下。

① DM 6144～DM 6655 不能用于 R。

② 当 Au 和/或 Ad 非 BCD 码，间接寻址字 DM 不存在。（字*DM 中的内容非 BCD 码，或者 DM 区域已经超出了范围）时，ER 置位。

③ 当结果中有进位时，CY 置 ON。（结果大于 99999999）

④ 当结果为 0 时，EQ 置 ON。

7. BCD 减法指令 SUB

功能：从 Mi 中的 BCD 数据减去 Su 中的 BCD 数据，并将结果放到结果字 R 中。

操作元件：Mi（被减字）：IR、SR、AR、DM、HR、TC、LR。

Su（减字）：IR、SR、AR、DM、HR、TC、LR。

R（结果字）：IR、SR、AR、DM、HR、LR。

梯形图如图 4-20 所示。

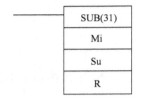
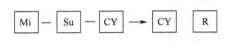

图 4-20　SUB 指令梯形图与执行过程

说明如下。

① ER：Mi 和/或 Su 非 BCD 码。间接寻址字 DM 不存在。（字*DM 中的内容非 BCD 码，或者 DM 区域已经超出了范围）。

② CY：当结果为负数时置 ON，也就是说，Mi 小于 Su 与 CY 之和。为了将十进制的补码转换为真值结果，用 0 减去 R 的内容。如果以前的进位标志状态不需要的话，在执行 SUB（31）前一定要用 CLC（41）来清除，并在用 SUB（31）做减法后检查 CY 的状态。

③ EQ：当结果为 0 时置 ON。

【例 4-6】　梯形图如图 4-21 所示，描述其工作过程。

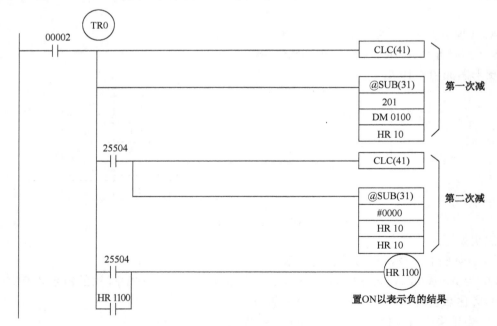

图 4-21　例 4-6 梯形图

当 00002 为 ON，下图中的梯形程序清 CY，从 201 的内容减去 DM0100 和 CY 的内容并把结果放到 HR10 中。如果执行 SUB（31）后 CY 置位，用 0 减去 HR10 中的结果 [注意再次用 CLC（41）以获得精确结果]，再把结果放回 HR10 中，并且把 HR1100 置 ON 以表示这是一个负的结果。如果执行 SUB（31）指令后 CY 未置位，结果就为正数，第二个减法不执行，HR1100 也不置 ON。HR1100 以自保位方式编程，这样当程序再次扫描时，不会因为 CY 状态的改变而使它变为 OFF。在此例中，SUB（31）以微分形式使用，从而，减法操作在每次 00002 置 ON 时执行一次。当再执行减法操作时，00002 将至少在一个周期内置 OFF，然后重新置 ON。

8．双字 BCD 减法指令：SUBL

功能：把 CY 和 8 数字值 Su 和 Su+1 的内容从 8 数字值 Mi 和 Mi+1 中减去，并把结果存入 R 和 R+1 中。

操作元件：Mi（被减字）：IR、SR、AR、DM、HR、TC、LR。

Su（减字）：IR、SR、AR、DM、HR、TC、LR。

R（结果字）：IR、SR、AR、DM、HR、LR。

梯形图如图 4-22 所示。

图 4-22　SUBL 指令梯形图与执行过程

说明如下。

① ER：Mi、Mi+1、Su 或 Su+1 非 BCD 码。间接寻址字 DM 不存在。（字*DM 中的内容非 BCD 码，或者 DM 区域已经超出了范围）。

② CY：当结果为负数时置 ON，也就是说，Mi 小于 Su。为了将十进制补码转换成真值，将 0 减去 R 中的内容。

③ EQ：当结果为 0 时置 ON。

9．保持指令 KEEP

功能：置位输入（输入条件）为 ON 时，保持 R 所指定的继电器的 ON 状态。复位输入为 ON 时，进入 OFF 状态。

操作元件 R：IR、SR、AR、HR、LR。

梯形图如图 4-23 所示。

时序图如图 4-24 所示。

KEEP 使用说明如下。

① 置位输入（输入条件）和复位输入同时为 ON 时，复位输入优先。

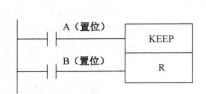

图 4-23　KEEP 指令的梯形图

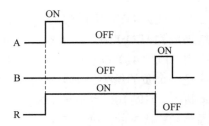

图 4-24　KEEP 指令的时序图

② 复位输入为 ON 时，不接受置位输入（输入条件）。

③ 通过 KEEP 指令使用保持继电器时，即使在停电时也可以存储之前的状态。

【例 4-7】　分析图 4-25 所示梯形图的工作过程，并写出指令表。

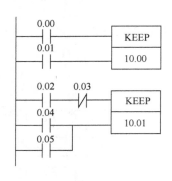

步序	助记符	操作数
0	LD	I:0.00
1	LD	I:0.01
2	KEEP(011)	Q:100.00
3	LD	I:0.02
4	AND NOT	I:0.03
5	LD	I:0.01
6	OR	I:0.05
7	KEEP(011)	Q:100.01

图 4-25　例 4-7 梯形图

解：由梯形图可知，当 0.00 为 ON 时，保持 10.00 为 ON 的状态；0.01 为 ON 时，10.00 为 OFF；当 0.02 为 ON 且 0.03 为 OFF 时，保持 10.01 为 ON 的状态；0.04 或 0.05 为 ON 时，10.01 为 OFF。

【例 4-8】　分析图 4-26 所示梯形图的功能，并画出时序图。

解：由图 4-27 时序图可见，该电路具有分频功能。具体工作过程：当 0.02 的第 1 脉冲到来时，通过 0.02 的上升沿和 10.01 的常闭触点通路，使输出 10.01 为 ON 并保持；当 0.02 的第 2 个脉冲前沿到来时，通过 0.02 的上升沿和 10.01 的常开触点通路，使 10.01 为 OFF；第 3 个脉冲到来时，与第 1 个脉冲到来相同；第 4 个脉冲到来时，与第 2 个脉冲到来相同。这样重复上述过程，完成了输入信号的二分频，即 $f_{出}=f_入/2$。

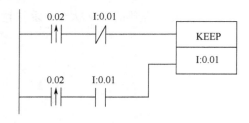

图 4-26　例 4-8 梯形图

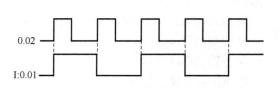

图 4-27　例 4-8 时序图

10．模式控制指令 INI

功能：用来控制高速计数器运行和停止脉冲输出。

操作元件：P：定义端口 000、010、100、101、102、103。

C：控制数据 000～005。

P1：PV 首字 IR、SR、AR、DM、HR、LR（或 000）。

梯形图如图 4-28 所示。

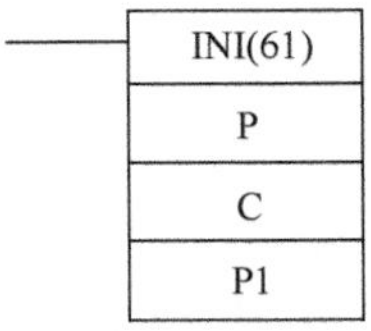

INI 指令使用说明如下。

① P1 和 P1＋1 必须在同一数据区域内。如果 DM 地址用作

P1，它必须是能读/写的 DM。

INI(61)
P
C
P1

图 4-28 INI 指令梯形图

② 除非 C 为 002 或 004，否则 P1 必须设为 000，见表 4-5。

③ 端口定义（P）是指定高速计数器，或者是被控制的脉冲输出。

表 4-5 操作元件 P 功能说明

P	功　能
000	指定高速计数器的输入（输入 0000、0001、0002）。单相脉冲输出 0，无加速/减速（输出 01000 或 01001），单相脉冲输出 0，梯形状加速/减速（输出 01000）
010	指定单相脉冲输出 1，无加速/减速（输出 01000）
100	定义中断输入 0 为计数模式（输入 00003）
101	定义中断输入 0 为计数模式（输入 00004）
102	定义中断输入 0 为计数模式（输入 00005）
103	定义中断输入 0 为计数模式（输入 00006）

以下 INI（61）的功能由控制数据 C 来决定，见表 4-6。

表 4-6 INI 受 C 控制的功能

C	P1	INI 的功能
000	000	启动 CTBL 表格比较
001	000	中止 CTBL 表格比较
002	新 PV 值	改变高速计数器的 PV 值或者计数模式下的中断输入
003	000	中止脉冲输出
004	新 PV 值	改变脉冲输出的 PV 值
005	000	中止同步脉冲控制输出

【例 4-9】 分析如图 4-29 所示梯形图的功能。

说明：由梯形图可知，当 0.01 为 ON 时，开始登录的比较表和高速计数器 0 的当前值之间开始比较。

11．高速计数器 PV 读取指令 PRV

功能：用来控制高速计数器 PV、脉冲输出 PV、中断输出（计数模式）PV，或者由 P、C 指定的同步控制输入频率。

操作元件：P：指定端口 000、010、100、101、102、103。

C：控制数据 000～003。

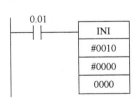

图 4-29 例 4-9 梯形图

D：目的首字 IR、SR、AR、DM、HR、LR。

梯形图如图 4-30 所示。

PRV 指令使用说明如下。

① D1 和 D1＋1 必须在同一数据区域内。如果 DM 地址用作 D，它必须是能读/写的 DM。

② P 必须设定为 000、010、100、101、102、103 或者 C 必须为 000～003，见表 4-7。

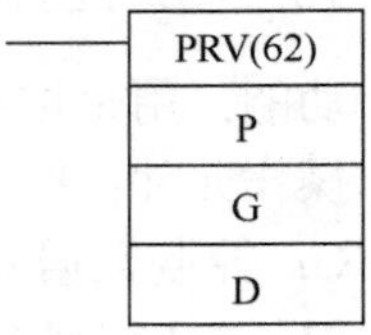

③ 端口定义（P）是指定高速计数器，或者是被控制的脉冲输出。

| PRV(62) |
| P |
| G |
| D |

图 4-30　PRV 指令梯形图

表 4-7　操作元件 P 的功能说明

P	功　　能
000	指定高速计数器的输入（输入 0000、0001、0002）。同步脉冲控制的输入频率（输入 0000、0001、0002），单相脉冲输出 0，无加速/减速（输出 01000 或 01001），单相脉冲输出 0，梯形,加速/减速（输出 01000），或者同步脉冲控制输出 0（输出 01000/01001）
010	指定单相脉冲输出 1，无加速/减速（输出 01000）或者同步脉冲控制输出 1（输出 01000）
100	定义中断输入 0 为计数模式（输入 00003）
101	定义中断输入 0 为计数模式（输入 00004）
102	定义中断输入 0 为计数模式（输入 00005）
103	定义中断输入 0 为计数模式（输入 00006）

④ 控制数据 C。

决定访问数据的种类见表 4-8。

表 4-8　控制数据 C 的功能说明

C	功　　能	目　的　字
000	读取高速计数器或者中断输入（计数模式）的 PV 值或者同步脉冲控制的输入频率	D 和 D+1
001	读取高速计数器或者脉冲输出的状态	D
002	读取范围对比的结果	D
003	读取脉冲输出的 PV 值	D 和 D+1

CPM2A PLC 基本指令见表 4-9，常用指令见表 4-10。

表 4-9　CPM2A PLC 常用基本指令

助记符（代码）	名称	功 能 说 明	梯 形 图 表 示	可 用 元 件
LD	取常开触点	常开触点与梯形图左母线连接	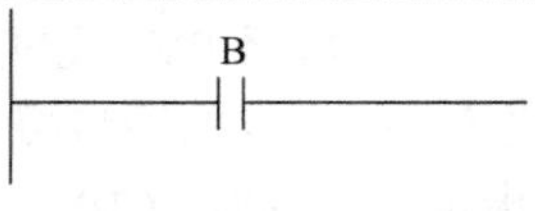 B	IR、SR、AR、HR、TC、LR、TR

续表

助记符（代码）	名称	功能说明	梯形图表示	可用元件
LD NOT	取常闭触点	常闭触点与梯形图左母线连接	B	IR、SR、AR、HR、TC、LR、TR
AND	与常开触点	常开触点与其他触点串联	A B AND	IR、SR、AR、HR、TC、LR、TR
AND NOT	与常闭触点	常闭触点与其他触点串联	A B AND NOT	IR、SR、AR、HR、TC、LR、TR
OR	或常开触点	常开触点与其他触点并联	A B C OR	IR、SR、AR、HR、TC、LR、TR
OR NOT	或常闭触点	常闭触点与其他触点并联	A B C OR NOT	IR、SR、AR、HR、TC、LR、TR
OUT	输出	输出逻辑运算结果，也就是根据逻辑运算结果去驱动一个指定的线图	B	IR、SR、AR、HR、LR、TR
OUT NOT	输出非	执行该指令后，输出取反	B	IR、SR、AR、HR、LR
AND LD（块与）	块与	电路块串联	AND LD 电路块A 电路块B	
OR LD（块或）	块或	电路块并联	电路块A OR LD 电路块B	
SET	置位	驱动线圈，使其保持接通状态	SET B	IR、SR、AR、HR、LR
RSET	复位	清除线圈，使其复位	RSET B	IR、SR、AR、HR、LR
DIFU（13）	上升沿微分	输入信号的上升沿（OFF→ON）时，将 R 所指定的操作元件线圈接通 1 个扫描周期，产生一个扫描周期的脉冲输出	DIFU(13)B	IR、SR、AR、HR、LR

续表

助记符（代码）	名称	功 能 说 明	梯形图表示	可 用 元 件
DIFD（14）	下降沿微分	输入信号的下降沿（ON→OFF）时，将 R 所指定的操作元件线圈接通 1 个扫描周期，1 个扫描周期后，产生一个扫描周期的脉冲输出	DIFD(14)B	IR、SR、AR、HR、LR
NOP（00）	空操作	空操作		
END（01）	结束	结束	END(01)	

表 4-10　CPM2A PLC 常用应用指令

助记符（代码）	名　称	功 能 说 明	梯 形 图	可 用 元 件
INI（@）（61）	控制方式	当执行条件是"ON"时，INI（61）用来控制高速计数器运行和停止脉冲输出。端口定义（P）是指定高速计数器，或者被控制的脉冲输出	INI(61) P C P1	P：定义端口 000、010、100、101、102、103 C：控制数据 000～005 P1：PV 首字 IR、SR、AR、DM、HR、LR（或 000）
PRV（@）（62）	高速计数器 PV 读	当执行条件是"ON"时，PRV（62）用来控制高速计数器 PV、脉冲输出 PV、中断输出（计数模式）PV，或者由 P、C 指定的同步控制输入频率	PRV(62) P C D	P：指定端口 000、010、100、101、102、103 C：控制数据 000、001、002、003 D：目的首字 IR、SR、AR、DM、HR、LR
MOV（@）（21）	数据传送	当执行条件为 ON 时，MOV（21）把 S 的内容复制到 D 中	MOV(21) S D	S：源字 IR、SR、AR、DM、HR、TC、LR D：目的字 IR、SR、AR、DM、HR、LR
MOVD（@）（83）	数字传送	当执行条件为 ON 时，MOVD（83）把 S 中指定数位的内容复制到 D 中指定数位。少于等于四个数字可以一次性传输	MOVD(83) S Di D	S：源字 IR、SR、AR、DM、HR、TC、LR Di：数位指定器（BCD）IR、SR、AR、DM、HR、TC、LR D：目的字 IR、SR、AR、DM、HR、TC、LR

助记符（代码）	名 称	功 能 说 明	梯 形 图	可用元件
ADD（@）（30）	BCD 加法指令	把 Au、Ad 和 CY 的内容相加并把结果输出到 R	ADD(30) Au Ad R	Au：被加字 IR、SR、AR、DM、HR、TC、LR Ad：加字 IR、SR、AR、DM、HR、TC、LR R：结果字 IR、SR、AR、DM、HR、LR
ADDL（@）（54）	双字 BCD 加法指令	把 CY 的内容与 Au 和 Au+1 中的 8 位数值以及 Ad 和 Ad+1 的 8 位数值相加并把结果输出到 R 和 R+1	ADDL(54) Au Ad R	Au：被加数首字 IR、SR、AR、DM、HR、TC、LR Ad：加数首字 IR、SR、AR、DM、HR、TC、LR R：结果首字 IR、SR、AR、DM、HR、LR
BCD（@）（24）	BIN-BCD 转换指令	将 BIN 数据转换为 BCD 数据	BCD(24) S R	S：源字、二进制 IR、SR、AR、DM、HR、LR R：结果字 IR、SR、AR、DM、HR、LR
BCDL（@）（59）	BIN-BCD 双字转换指令	将 2 个通道内双字 BIN 数据转换为 BCD 数据	BCDL(59) S R	S：源字，二进制 IR、SR、AR、DM、HR、LR R：结果字 IR、SR、AR、DM、HR、LR
BIN（23）	BCD-BIN 转换指令	将通道内 BCD 数据转换为 BIN 数据	BIN(23) S R	S：源字、BCD 码 IR、SR、AR、DM、HR、TC、LR R：结果字 IR、SR、AR、DM、HR、LR
BINL（58）	BCD-BIN 双字转换指令	将 2 个通道内双字 BCD 数据转换为 BIN 数据	BINL(58) S R	S：源字、BCD 码 IR、SR、AR、DM、HR、TC、LR R：结果字 IR、SR、AR、DM、HR、LR

续表

助记符（代码）	名　　称	功　能　说　明	梯　形　图	可　用　元　件
SUB（31）	BCD 减法指令	从 Mi 中的 BCD 数据减去 Su 中的 BCD 数据，并将结果放到结果字 R 中	SUB(31) Mi Su R	Mi：被减字 IR、SR、AR、DM、HR、TC、LR Su：减字 IR、SR、AR、DM、HR、TC、LR R：结果字 IR、SR、AR、DM、HR、LR
SUBL（55）	双字 BCD 减法指令	把 CY 和 8 数字值 Su 和 Su+1 的内容从 8 数字值 Mi 和 Mi+1 中减去，并把结果存入 R 和 R+1 中	SUBL(55) Mi Su R	Mi：被减字 IR、SR、AR、DM、HR、TC、LR Su：减字 IR、SR、AR、DM、HR、TC、LR R：结果字 IR、SR、AR、DM、HR、LR
KEEP（11）	保持指令	置位输入为 ON 时，保持 R 所指定的继电器的 ON 状态。复位输入为 ON 时，进入 OFF 状态	A（置位） B（复位） KEEP R	IR、SR、AR、HR、LR

4.2.5　松下变频器VF100 基础知识

1. VF100 变频器外形结构

VF100 变频器外形结构如图 4-31 所示。

图 4-31　VF100 变频器外形

VF100 变频器型号含义如图 4-32 所示。

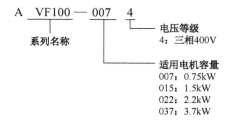

输入电源	适用电机容量（kW）	品号
三相400V	0.75	AVF100-0074
	1.5	AVF100-0154
	2.2	AVF100-0224
	3.7	AVF100-0374

图 4-32　VF100 变频器型号

2．VF100 变频器面板

VF100 变频器面板如图 4-33 所示，各部分的功能见表 4-11。

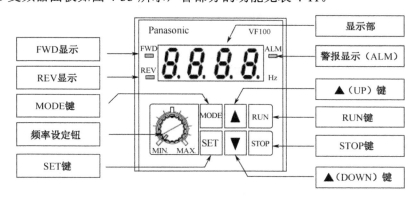

图 4-33　VF100 变频器操作面板

表 4-11　VF100 变频器面板功能

各部分名称	功 能 概 要
显示器	显示输出频率、电流、线性速度、设定频率、通信站号、异常内容、各模式显示、功能设定时的数据
FWD 显示（绿）	显示正转运行（恒速运行中：亮灯；加减速运行中：闪烁）
REV 显示（红）	显示反转运行（恒速运行中：亮灯；加减速运行中：闪烁）
警报（ALM）显示（红）	显示异常·警报（参照 P$_{147}$：警报 LED 动作选择）
RUN 键	使变频器运行键
STOP 键	使变频器停止运行键
MODE 键	切换【动作状态显示】、【频率设定·监控】、【旋转方向设定】、【控制状态监控】、【自定义】、【功能设定】、【内置存储器设定】等各种模式的键，以及将数据显示切换为模式显示时所使用的键
SET 键	切换模式和数据显示的键以及存储数据时所使用的键 在【动作状态显示模式】下，进行频率和电流显示的切换
▲（UP）键	改变数据、输出频率，以及利用操作面板使其正转运行时用于设定正转方向
▼（DOWN）键	改变数据、输出频率，以及利用操作面板使其反转运行时用于设定反转方向
面板设定钮	用操作面板设定运行频率而使用的旋钮

3．VF100 变频器接线方法

VF100 变频器主回路的接线方法如图 4-34 所示， 在主回路接线时，必须保证将电源连接到输入端子 R、S、T 上，将电机连接到输出端子的 U、V、W 上，主回路接线必须在控制回路接线之前进行。

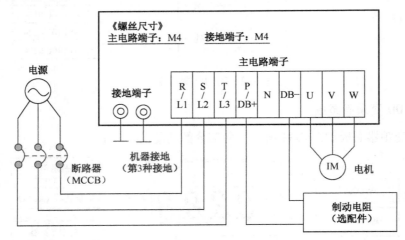

图 4-34　VF100 变频器主回路接线示意图

控制回路的接线方法如图 4-35 所示，端子说明见表 4-12。

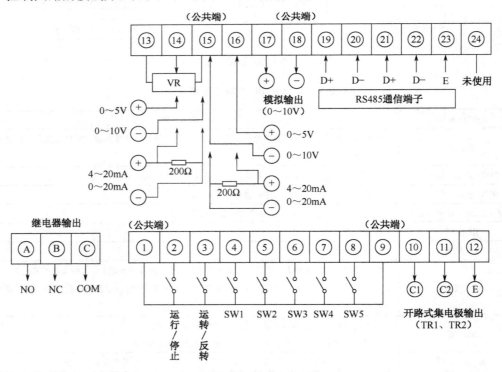

图 4-35　VF100 变频器控制回路接线示意图

表 4-12　VF100 变频器控制回路端子说明

端子 No	端 子 功 能	相关参数 No
1	输入信号（2～8）的公共端子	---
2	运行/停止，正转运行信号的输入端子	P003
3	正转/反转，反转运行信号的输入端子	P003
4	多功能控制信号 SW1 的输入端子	P036、P041
5	多功能控制信号 SW2 的输入端子	P037、P041
6	多功能控制信号 SW3 的输入端子	P038、P041
7	多功能控制信号 SW4 的输入端子	P039、P041
8	多功能控制信号 SW5 的输入端子	P040、P041
9	输入信号（2～8）的公共端子	---
10	开路式集电极输出端子	P090
11	开路式集电极输出端子	P091
12	开路式集电极输出端子	P090、P091
13	频率设定用电位器的连接端子	P004
14	频率设定模拟信号的输入端子	P004
15	模拟信号 13、14、16、17 的公共端子	---
16	第 2 模拟信号的输入端子	P124、P125
	PID 控制反馈信号输入端子	P106～P111
17	多功能模拟信号的输出端子（0～10VPWM）	P097、P098
18	模拟信号 13、14、16、17 的公共端子	---

4．VF100 变频器参数和基本功能操作

VF100 可通过以下 3 种方法运行，常用参数及功能见表 4-13。

① 操作面板。可使用操作面板上的键·电位器运行。

② 外控操作。可利用控制电路端子运行。

③ 通信（RS485）。可利用外部机器通过 RS485 发送通信指令来运行。

表 4-13　VF100 变频器常用参数及功能

序号	名　称	功　　能	设 定 数 据
1	P001	第 1 加速时间	可设定从 0.5Hz 到最大输出频率的时间
2	P002	第 1 减速时间	可设定从最大输出频率到 0.5Hz 的时间
3	P003	运行指令选择	0、1：面板操作运行 2、3、4、5：外部操作运行 6、7：通信指令运行
4	P004	频率设定信号	0：面板操作运行，电位器设定频率。运行中拆下面板，会发生 OP 跳闸 1：面板操作运行，数字设定频率 2：外部操作运行，电位器设定频率 3：外部操作运行，0～5V 电压信号 4：外部操作运行，0～10V 电压信号 5：外部操作运行，4～20mA 电流信号 6：外部操作运行，0～20mA 电流信号 7：通信方式设定 8：面板操作运行：电位器设定频率。运行中拆下面板，也将继续运行

续表

序号	名 称	功 能	设 定 数 据
5	P005	V/F 模式	50Hz：50Hz 模式 60Hz：60Hz 模式 FF：自由模式 3C：3 点式模式
6	P008	最大输出频率	50.0～400.0
7	P008	基地频率	45.0～400.0
8	P036	SW1 功能选择	0：多段速 SW 输入
9	P037	SW2 功能选择	1：复位输入
10	P038	SW3 功能选择	2：复位锁定输入
11	P039	SW4 功能选择	3：点动选择输入
12	P040	SW5 功能选择	4：外部异常停止输入 5：参数设定禁止输入 6：惯性停止输入 7：频率信号切换输入 8：第 2 特性选择输入 9：PID 控制切换输入 10：3 线停止输入

4.2.6 旋转编码器

1. 旋转编码器概述

旋转编码器是用来测量转速的装置，外形如图 4-36 所示。

光电式旋转编码器通过光电转换，可将输出轴的角位移、角速度等机械量转换成相应的电脉冲以数字量输出。具体按照信号原理可划分为增量式旋转编码器和绝对式旋转编码器。

增量式编码器是将位移转换成周期性的电信号，再把这个电信号转换成计数脉冲，用脉冲的个数表示位移的大小。绝对式编码器的每一个位置对应一个确定的数字码，因此它的显示值只与测量的起始和终止位置有关，而与测量的中间过程无关。

不同型号的编码器能发出不同的脉冲信号，有的旋转编码器产生单相脉冲，有的旋转编码器能产生两路相位差为 90°的脉冲信号，有的还能产生一个复位 Z 信号。

图 4-36 旋转编码器外形

2. 增量型编码器 E6B2-CWZ58 的工作原理

在本项目中采用 E6B2-CWZ58 PNP 集电极开路输出增量型编码器，这种编码器输出信号除 A、B 两相（A、B 两通道的信号序列相位差为 90°）外，每转一圈还输出一个零位脉冲 Z。

当主轴以顺时针方向旋转时，按下图输出脉冲，A 通道信号位于 B 通道之前；当主轴逆时针旋转时，A 通道信号则位于 B 通道之后。由此判断主轴是正转还是反转。

编码器每旋转一周发一个脉冲，称为零位脉冲或标识脉冲，零位脉冲用于决定零位置或标识位置。不论哪个方向旋转，零位脉冲均被作为两个通道的高位的组合输出，如图 4-37 所示。

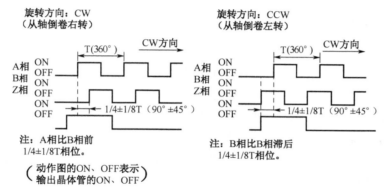

图 4-37　E6B2-CWZ58 旋转编码器脉冲示意图

注：CW 为顺时针，CCW 为逆时针。

3. E6B2-CWZ58 的参数性能指标

电源电压：DC12～24V

输出方式：集电极开路输出（PNP 输出）

分辨率：脉冲/旋转 100、200、360、500、600、1000、2000

输出相：A、B、Z

输出位相差：A 相、B 相的相位差 90°±45°（1/4±1/8T）

最高响应频率：50kHz

允许最高旋转数：6000r/min

4．旋转编码器 E6B2-CWZ58 与 PLC 的连接

在本项目中，旋转编码器安装在转动轴上，在电动机的拖动下一起转动。旋转编码器的 A、B、Z 三相分别连接到 PLC 的高速计数器的输入端，PLC 读取旋转编码器的计数脉冲数。旋转编码器和 PLC 的连接如图 4-38 所示。

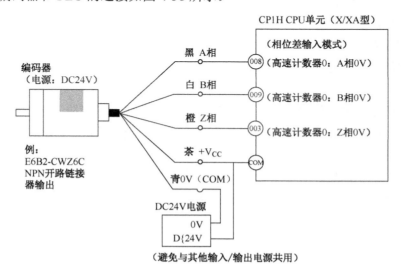

图 4-38　旋转编码器与 PLC 连接

想一想 PLC 软硬件

① CPM2A 有哪些存储区？特点是什么？

② 至今你知道几条 PLC 应用指令？它们都有什么功能？

③ 接近传感器和接近开关是同一个概念吗？

④ E2G-M12KN08-WP-D1 型接近传感器是两线传感器，想想应该如何与 PLC 连接？

⑤ 旋转编码器 E6B2-CWZ58 若正转，则 A 相比 B 相超前还是滞后，反转呢？

⑥ 已知 E6B2-CWZ58 的分辨率为 600p/r，电动机的频率为 30Hz，磁极数为 4，则旋转编码器每秒发出多少脉冲？

查一查 课外信息采集

① 查阅 PLC I/O 单元和扩展单元相关资料，掌握 I/O 单元扩展方法。

② 查阅触摸屏使用方法等有关资料，熟悉操作 CX-Designer 软件。

③ 查阅资料，如何识读旋转编码器的铭牌？

任务 3 计划决策

本阶段请各小组针对项目的目标与要求设计一个工作计划，这一计划主要包括以下四个方面。

4.3.1 计划工作步骤

PLC 控制系统设计通常包括如下步骤。

① 根据生产工艺和控制要求，画出控制系统的工作流程图或时序图。

② 根据设备对控制的要求，安排输入/输出设备，然后进行 I/O 分配。所谓 I/O 分配，就是给每个输入/输出设备分配一个 PLC 编号，并列出 I/O 分配表，同时可进行现场硬件接线。

③ 根据控制要求，使用编程软件 CX-Programmer 设计梯形图程序。为了阅读及调试时方便，在设计梯形图时，通常要加标注。标注要与现场信号和 I/O 分配表的注释相同。

④ 梯形图编辑完成后，进行在线模拟调试。

⑤ 在线调试正确后，将程序下载到 PLC 中，进行带负载模拟程序调试。

⑥ PLC 控制系统现场调试，验收后交给用户。

4.3.2 岗位分工

各小组在组长的协调下进行岗位分工，小组成员明确岗位职责。填写表 4-14。

表 4-14　项目 4 岗位分工记录表

人　员	岗　位	职　责

4.3.3　时间安排

组长根据工作任务确定时间安排，制定工作计划，明确责任人，填写表 4-15。

表 4-15　项目 4 任务时间计划表

工　作　任　务	时　间　分　配	负　责　人

任务 4　项目实施

4.4.1　硬件选型

由电梯控制系统分析可知，项目的输入设备有开/关门按钮、内选按钮、外呼按钮、开/关门限位开关等；输出设备有变频器上升、变频器下降、开门电路、关门电路、楼层指示灯、召唤指示灯、楼层显示等，共有 27 个输入和 23 个输出，因此，使用 CPM2AE　CPU 主机单元即可满足控制 I/O 要求。

另外采用触摸屏对电梯控制系统进行控制和监控。

项目设备材料见表 4-16，请收集设备型号信息，填写在表中。

表 4-16　项目 4 设备材料表

序号	设 备 名 称	符　号	型 号 规 格	单位	数量
1	可编程序控制器	PLC		台	1
2	变频器			台	1
3	旋转编码器			个	1
4	曳引电机	M		个	1
5	开关门按钮	SB1、SB2		个	2
6	上升下降召唤按钮	SB3～SB8		个	6
7	手动/自动开关	SA1		个	1

序号	设 备 名 称	符 号	型 号 规 格	单位	数量
8	慢上/慢下按钮	SB9		个	1
9	直驶开关	SA2		个	1
10	1~4层按钮	SB10~SB13		个	4
11	轿门开、关到位开关	SQ1、SQ2		个	2
12	超重、限速器、断绳开关	SQ3		个	1
13	轿门安全触板开关	SQ4		个	1
14	1~4层联锁开关	SA4		个	1
15	警铃按钮	SB14		个	1
16	急停按钮	SB15		个	1
17	高速演示	SB16		个	1
18	制动线圈			个	1
19	指示灯	L1~L12		个	12
20	到站钟铃			个	1
21	报警蜂鸣器			个	1
22	交流接触器	KM		个	1
23	断路器	QF		个	1

4.4.2 电路设计与绘制

1. 列出 PLC 输入/输出地址分配表

（1）根据确定的输入/输出点数，电梯控制系统 I/O 分配表见表 4-17。

表 4-17 电梯控制系统 I/O 分配表

序号	输入信号 名称	地址	序号	输出信号 名称	地址
1	编码器 A 相输入	0.00	1	制动线圈	10.00
2	编码器 B 相输入	0.01	2	变频器下降	10.01
3	一层平层感应器	0.02	3	报警输出	10.02
4	开门按钮	0.03	4	到站提示音	10.03
5	关门按钮	0.04	5	一楼上指示灯	10.04
6	一楼上升按钮	0.05	6	二楼上指示灯	10.05
7	二楼上升按钮	0.06	7	二楼下指示灯	10.06
8	二楼下降按钮	0.07	8	三楼上指示灯	10.07
9	三楼上升按钮	0.08	9	三楼下指示灯	11.00
10	三楼下降按钮	0.09	10	四楼下指示灯	11.01
11	四楼下降按钮	0.10	11	楼层显示 A	11.02
12	手动/自动开关	0.11	12	楼层显示 B	11.03
13	慢上按钮	1.00	13	变频器中速	11.05
14	慢下按钮	1.01	14	变频器慢速	11.06
15	直驶开关	1.02	15	变频器上升	12.07

输 入 信 号			输 出 信 号		
16	1 楼按钮	1.03	16	上升指示灯	12.00
17	2 楼按钮	1.04	17	下降指示灯	12.01
18	3 楼按钮	1.05	18	一楼指示灯	12.02
19	4 楼按钮	1.06	19	二楼指示灯	12.03
20	轿门开到位开关	1.07	20	三楼指示灯	12.04
21	轿门关到位开关	1.08	21	四楼指示灯	12.05
22	超速、限速器、断绳开关	1.09	22	开门电路	12.06
23	左右门触板开关	1.10	23	关门电路	12.07
24	1～4 层门连锁开关	1.11			
25	警铃按钮	2.00			
26	急停开关	2.01			
27	高速演示	2.02			

（2）电梯控制内部继电器分配表见表 4-18。

表 4-18　电梯控制内部继电器分配表（1）

数据存储器 DM			定时器 TIM		
序号	名　称	地　址	序号	名　称	地　址
1	高速计数记忆值	DM0	1	发送结束复位延时	TIM000
2	二楼脉冲记忆	DM20	2	升降延时	TIM001
3	二楼平层下限	DM24	3	报警辅助	TIM002
4	二楼平层上限	DM28	4	开门时间	TIM003
5	至二楼上升减速	DM32	5	开门延迟	TIM004
6	至二楼下降减速	DM36	6	开门延迟 1	TIM005
7	三楼脉冲记忆	DM40	7	状态保持时间	TIM006
8	三楼平层下限	DM44	8	上平层延时	TIM007
9	三楼平层上限	DM48	9	下平层延时	TIM008
10	至三楼上升减速	DM52	10	直驶辅助 1	TIM009
11	至三楼下降减速	DM56	11	直驶辅助 2	TIM010
12	四楼脉冲记忆	DM60	12	到层提示延时	TIM012
13	四楼平层下限	DM64	13	平层延时	TIM016
14	四楼平层上限	DM68			
15	至四楼上升减速	DM72			
16	至一楼下降减速	DM230			

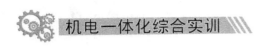

机电一体化综合实训

表 4-18 电梯控制内部继电器分配表（2）

工作位			工作位		
序号	名　称	地　址	序号	名　称	地　址
1	一楼	20.00	34	上升响应楼层呼叫	27.00
2	二楼	20.01	35	下降响应楼层呼叫	27.06
3	三楼	20.02	36	下降响应	27.10
4	四楼	20.03	37	上升响应	27.12
5	一楼上	25.00	38	箱内任务完成	28.00
6	二楼上	25.01	39	停止	30.00
7	三楼上	25.02	40	上升	30.01
8	二楼下	25.03	41	下降	30.02
9	三楼下	25.04	42	慢速	30.03
10	四楼下	25.05	43	开门	30.08
11	一楼呼叫	25.06	44	关门	30.09
12	二楼呼叫	25.07	45	上升状态	30.11
13	三楼呼叫	25.08	46	下降状态	30.12
14	四楼呼叫	25.09	47	任务完成	30.13
15	楼层符合	25.10	48	楼层符合	30.14
16	二楼	25.11	49	快速上升	30.15
18	三楼	25.12	50	快速下降	31.00
19	四楼	25.13	51	上平层辅助	31.01
20	自动	25.14	52	下平层辅助	31.02
21	直驶开关	25.15	53	报警	31.03
22	上升状态	26.00	54	开门保持	31.04
23	下降状态	26.1	55	开门辅助	31.05
24	一楼上升	26.02	56	关门力矩保护	31.06
25	二楼上升	26.03	57	开门力矩保护	31.07
26	二楼下降	26.04	58	上电平层	31.08
27	三楼上升	26.05	59	超速保持	31.09
28	三楼下降	26.06	60	平层延时辅助 1	31.10
29	四楼下降	26.07	61	平层延时辅助 2	31.11
30	一楼	26.08	62	上升减速	31.12
31	二楼	26.09	63	下降减速	31.13
32	三楼	26.10	64	上下状态保持	32.00
33	四楼	26.11	65	自动平层	32.01

序号	名　称	地　址	序号	名　称	地　址
	工作位			**工作位**	
66	一楼平层	32.02	81	四楼下	35.03
67	二楼平层	32.03	82	循环测试运行	35.05
68	三楼平层	32.04	83	循环上升	35.06
69	四楼平层	32.05	84	循环下降	35.07
70	上升状态保持	33.00	85	一楼按钮	36.00
71	下降状态保持	33.01	86	二楼按钮	36.01
72	一楼平层	33.03	87	三楼按钮	36.02
73	二楼平层	33.04	88	四楼按钮	36.03
74	三楼平层	33.05	89	一楼呼叫	37.00
75	四楼平层	33.06	90	二楼呼叫	37.01
76	一楼上	34.00	91	三楼呼叫	37.02
77	二楼上	34.01	92	四楼呼叫	37.03
78	三楼上	34.02	93	慢速	39.00
79	二楼下	35.01	94	中速	39.01
80	三楼下	35.02	95	快速	39.02

表 4-18　电梯控制内部继电器分配表（3）

序号	名　称	地　址	序号	名　称	地　址
	工作位			**工作位**	
1	二楼上升	220.02	14	下降	222.07
2	二楼按钮	220.03	15	门开到位	222.08
3	三楼上升	220.04	16	下降减速	223.00
4	三楼按钮	220.05	17	一楼平层	223.01
5	二楼下降	220.06	18	二楼平层	223.02
6	三楼下降	220.07	19	三楼平层	223.03
7	一楼平层	222.00	20	四楼平层	223.04
8	二楼平层	222.01	21	关门	223.05
9	三楼平层	222.02	22	限速器开关	223.06
10	四楼平层	222.03	23	急停按钮	223.07
11	一楼	222.04	24	慢上按钮	223.08
12	自动	222.05	25	慢下按钮	223.09
13	上升	222.06	26		

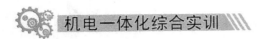
2. 控制电路设计与绘制

根据地址分配表可以确定 PLC 输入、输出接线，控制电路如图 4-39 所示。

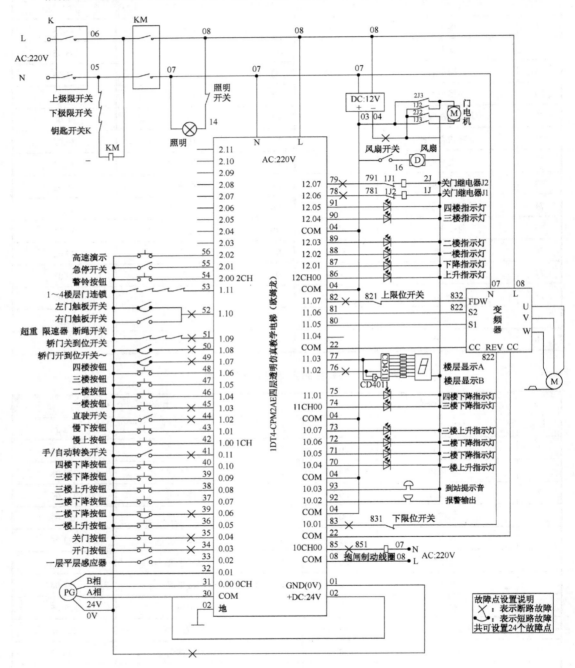

图 4-39　四层透明仿真电梯电气控制原理图

4.4.3 安装电路

1. 认识四层透明仿真电梯

（1）电梯机房部分

电梯机房部分设备主要有曳引减速机、曳引电动机、制动器、曳引轮、限速器、旋转编码器。

① 曳引机。

曳引机是电梯的驱动装置，分为有齿曳引机和无齿曳引机两种。本电梯采用有齿曳引机，采用蜗轮减速传动机构，主要有曳引电动机、蜗轮蜗杆减速机、联轴器、制动器、制动电磁铁、曳引绳轮、惯性轮等构成，其外形如图 4-40 所示。

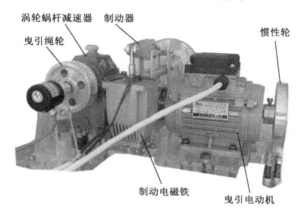

图 4-40　曳引机外形

② 限速器。

常见的限速器有凸轮式、刚性夹持式和弹性夹持式三种，根据电梯的额定速度选择不同的限速器。本仿真电梯采用凸轮式限速器。凸轮式限速器也称惯性式限速器，适用于电梯额定速度在 0.5～1m/s 以下的低速电梯，其结构如图 4-41 所示。

当轿厢下行时，限速绳带动限速轮做顺时针旋转，限速轮内有一五边形盘状凸轮，限速轮转动时，五边形盘状凸轮轮廓线处，与装在摆动挺杆上的限速滚轮、凸轮轮廓线上径向的变化，使挺杆猛烈摆动，由于限速轮的另一端被限速器拉簧拉住，在额定速度范围内，使挺杆右边的棘爪与棘轮上的棘齿脱离接触。当轿厢超速达到规定的超速值时，凸轮转速加快，圆周上离心力增加，使挺杆摆动的角度增大到使棘爪和棘轮上的棘齿相啮合，限速器轮被迫停止转动。随着轿厢继续下行，限速器槽和限速绳之间产生摩擦力

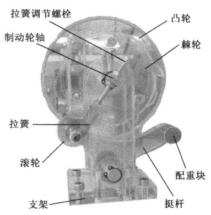

图 4-41　限速器

使限速绳轧住，带动安全钳联动系统，使安全钳拉杆提起，安全钳楔块动作，轿厢被制动在导轨上。

③ 旋转编码器。

本电梯模型所使用的旋转编码器及安装方式如图 4-42 所示。旋转编码器的中心轴通过弹性联轴器与曳引轮的中心轴相连，当曳引轮正反转时也带动了与之相连的旋转编码器做相应的正反转动。电梯每上升或下降一段距离，旋转编码器的脉冲信号数就相应地增加或减少，以此控制轿厢的平层位置。

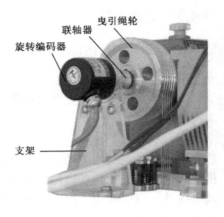

图 4-42　旋转编码器

（2）电梯井道部分

① 导轨及其部件结构。

电梯工作时轿厢和对重借助于导靴沿着导轨上下运行，在电梯井道中，导轨起始段一般都支承在底坑中的支承板上，每个导轨压板每隔一定的距离就有一个固定点，借助于螺丝与导轨固定在井道支架上。电梯中的导轨，是轿厢和对重在垂直方向的导向，限制轿厢和对重在水平方向的移动，防止由于轿厢的偏载而产生的倾斜，同时当安全钳动作时，导轨作为被夹持的支承件支承轿厢和对重。

② 轿厢及其部件结构。

轿厢的相关部件主要有轿厢箱体、轿厢支架、门机系统、轿门、安全触板、超重报警装置、安全钳及安全连杆机构、上下导靴、照明、风扇、操纵箱等装置，如图 4-43 所示。

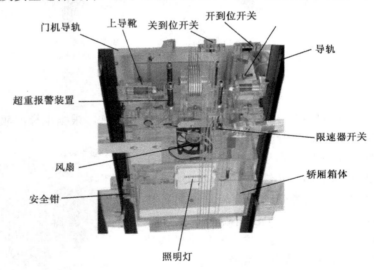

图 4-43　轿厢及其部件结构

电梯门按照安装位置可分为轿门和层门（厅门），层门装在建筑物每层电梯停站的门口，安装在层门导轨上，轿门则挂在轿厢门机导轨上，与电梯一起上升和下降。层门通过轿门上的门刀插入进行开门或闭门。

门机传动机构是指安装在轿厢顶的前部，自动开、关轿门和厅门的装置，如图 4-44 所示。本教学电梯采用了单扇中分门结构的门机传动机构，门机以直流减速电机为动力，通过门机同步带传动。门机导轨上安装有直流减速电机、门机同步带轮、同步带、同步张紧轮、张紧装置，分别与左右门扇相连，带动门扇的开与关。

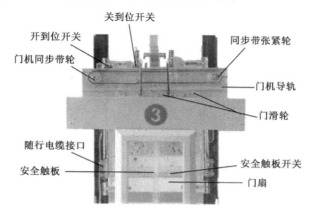

图 4-44 门机系统

安全触板是一种防止在电梯门闭合过程中夹住人及物品的接触式保护装置，它由触板、控制杆和微动开关组成。平时，触板在自重的作用下，凸出门扇一定距离，当门在关闭过程中碰到人或者物品时，触板被推入，控制杆转动，并压住微动开关，通过电气控制使门电机迅速反转，门被重新打开。

在实际电梯中，为了能使电梯在额定载重量范围内正常安全工作，必须配置超重报警装置。本仿真电梯在轿厢顶部设计了一个超重装置，如图 4-45 所示。它包括超重压力弹簧和超重报警开关，当电梯超重后，弹簧被压下，超重报警开关断开，通过电气系统控制电机停止运行、轿门打开不能关闭，并输出报警信号。只有减少轿厢内重到规定范围内电梯才能关门、启动。

③ 安全钳及安全连杆。

电梯的安全装置有电气安全装置和机械安全装置之分。机械安全装置主要由限速器安全钳和缓冲器等部件组成。

④ 层门及部件结构。

电梯层门是安装在每个楼层的电梯层站入口的封闭门，开门与关门是通过安装在轿门上的门刀来实现的，当轿厢离开层门开锁区域时，层门无论何种原因开启，都有一种装置能确保层门自动关闭（弹簧或者重块滑轮机构）。

本电梯采用的是弹簧结构，如图 4-46 所示。

此外每个层门上都装有一把层门锁，由锁臂、锁钩、锁扣组成，设置在层门内侧，门关闭后，门锁的机械锁钩啮合，将层门锁住，锁住层门不被随意打开。只有当电梯停站时，层门才在开门刀的带动下开启，或用专门配置的钥匙开启层门。

⑤ 楼层指示召唤盒。

安装在每个层站层门侧边，有上行下行召唤按钮、上行下行指示灯、轿厢当前楼层数码显示，如图 4-47 所示。

⑥ 对重及其结构。

对重装置由对重轮、对重支架、对重重块、曳引绳、防护遮拦等组成。对重与轿厢起到重力平衡作用，以节约电能消耗，增加电梯安全性。对重及其结构如图 4-48 所示。

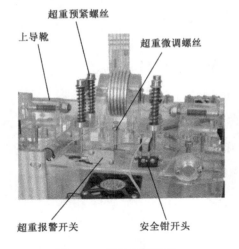

图 4-45　超重报警装置

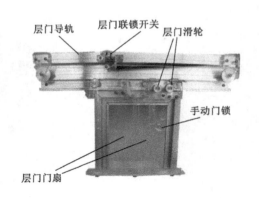

图 4-46　层门及其部件结构

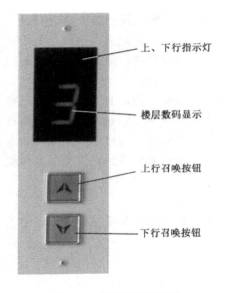

图 4-47　楼层指示召唤盒

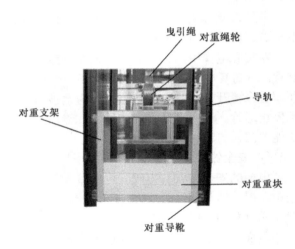

图 4-48　对重及其结构

⑦ 底座部分结构。

电梯底座部分主要包括底座、缓冲器、限速器张紧装置、电梯轿厢控制器。

缓冲器采用蓄能型（弹簧）缓冲器。如图 4-49 所示，当弹簧缓冲器受到轿厢或对重装置的冲击时，依靠弹簧的变形来吸收轿厢或对重装置的动能。

限速器张紧装置包括限速绳、张紧轮、重坨块等，如图 4-50 所示，它安装在底坑，限速绳由轿厢带动运行，限速绳将轿厢运行速度传递给限速轮，张紧轮反映出电梯实际运行速度。当限速器动作时，通过限速绳使安全钳动作。

图 4-49　缓冲器

（3）电梯电气控制部分

① 电梯轿厢控制器。

电梯轿厢控制器，又称操纵箱。为了便于教学操作，本仿真电梯的操纵箱安装在电梯底座的前面，如图 4-51 所示。

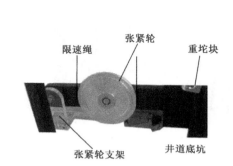

图 4-50　限速张紧装置

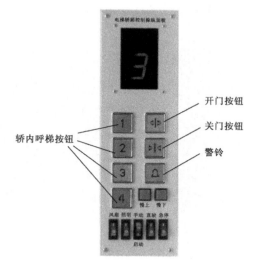

图 4-51　仿真电梯轿厢操作器

轿厢控制器主要包括上行指示灯、下行指示灯、楼层数码显示器、楼层选择按钮、开门按钮、关门按钮、警铃按钮、检修控制器等。其中检修控制器主要由电梯检修或管理人员操作使用，实际电梯的检修控制器常用盖子锁住，防止乘客误操作。其中包括风扇、照明、手动/自动、直驶、急停、慢上、慢下等按钮。

② 电气控制系统配电板。

本仿真教学电梯控制系统配电板安装在井道侧面，如图 4-52 所示。配电板上安装有变频器、交流接触器、空气开关、到站钟、报警蜂鸣器、DC12V 电源、电梯故障设置板、PLC、端口功能转接电路板等电器元件。

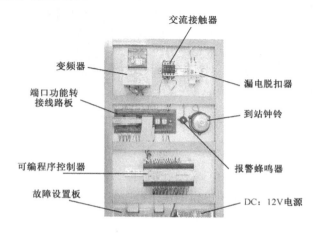

图 4-52　仿真电梯电气控制配电板

③ 电梯故障设置板。

电梯故障设置板通过两个排线接插口接入端口功能转接电路板，如图 4-53 所示。主要通过拨动开关使电梯控制回路的信号短路或开路，造成电梯在故障情况下，产生各种故障现象。电梯故障设置板共有 33 只功能设置开关，其中 10 只开关作为备用，可以通过接线对其他电路信号进行开路和短路。注意：正常状态下所有拨动开关都处在上方位置状态。

图 4-53　电梯故障设置板

④ 电梯端口功能转接电路板。

仿真电梯端口功能转接电路板端口功能如图 4-54 所示。

图 4-54　端口功能转接电路板

2．检查电路

安装完成后，必须按要求检查电路。该功能检查可以分为两种。

（1）按照电路图进行检查，对照电路图逐步检查是否错线、掉线，以及接线是否牢固等。

（2）使用万用表检测。将电路进行功能模块化分，根据电路原理使用万用表检查各个模块的电路，若结果有误，应使用检查方法一进行逐步排查，以确定故障点。

4.4.4　PLC程序设计

由于电梯是根据外呼梯信号以及自身控制规律运行的，而呼梯是随机的，因此电梯控制系统采用随机逻辑控制法，遵循"内选优先、顺向截车"的控制原则。

1. 楼层指示

本电梯楼层显示电路采用 CD4511 七段译码显示集成电路、共阴极数码管、CD4011 四二输入与非门集成电路等元件组成。CD4511 七段译码显示集成电路的作用是将输入端口 A、B、C、D 的二进制数码管所需的 a、b、c、d、e、f、g 的七段数码，显示出 0~9 的数字，对应关系见表 4-19。

表 4-19　CD4511 七段译码显示原理

数码管显示数字	0	1	2	3	4	5	6	7	8	9
输入端 A	0	1	0	1	0	1	0	1	0	1
输入端 B	0	0	1	1	0	0	1	1	0	0
输入端 C	0	0	0	0	1	1	1	1	0	0
输入端 D	0	0	0	0	0	0	0	0	1	1

注：其中"1"表示输入为高电平，"0"表示输入为低电平。

本电梯将输入端 D 接地，同时将输入端 A、输入端 B 通过与非门转换后作为输入端 C，实现了数码管显示 1~4 楼层的功能。CPM2A 的输出 11.02、11.03 分别作为 CD4511 七段译码显示集成电路的输入端口 A、输入端口 B。

电梯位置指示（楼层）梯形图如图 4-55 所示。

图 4-55　楼层指示梯形图

2. 旋转编码器定位控制程序

本电梯的定位装置为增量型旋转光电编码器，其特点是在旋转期间会输出对应旋转角度脉冲，它是利用技术来测量旋转的方式，通过 PLC 采集旋转编码器旋转时产生的脉冲信号将电梯定位。旋转编码器的中心轴通过弹性联轴器与曳引轮的中心轴相连，当曳引轮正反转时也带动了与之相连的旋转编码器做相应的正反转动。电梯每上升或下降一段距离，旋转编码器的脉冲信号数就相应地增加或减少，来控制轿厢的平层位置。

以二楼平层定位为例，平层定位梯形图如图 4-56 和 4-57 所示。

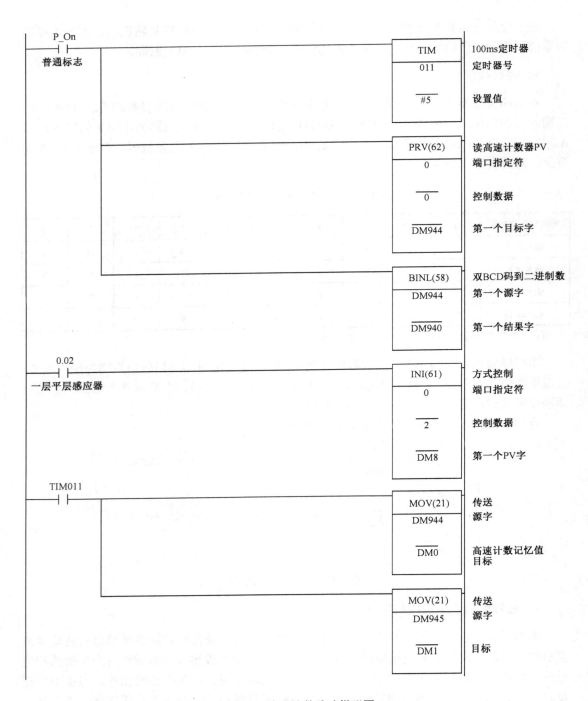

图 4-56　读取计数脉冲梯形图

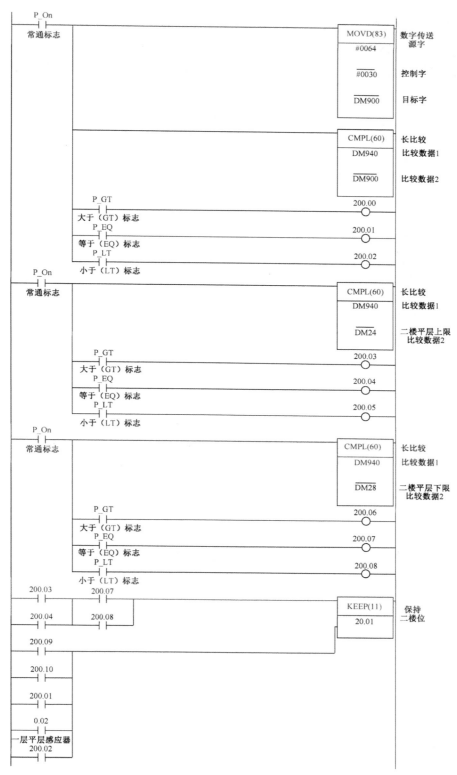

图 4-57　二楼定位控制梯形图

3．电梯的上、下行判断

由运行方式、轿内指令、外呼指令及电梯楼层确定电梯的运行方向。

要实现轿内上行定向，目标楼层必须高于当前楼层。轿厢上行定向不必考虑一楼呼梯指令，梯形图如图 4-58 所示，下行控制梯形图如图 4-59 所示。

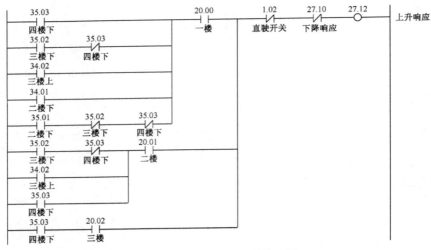

图 4-58　上行定向控制梯形图

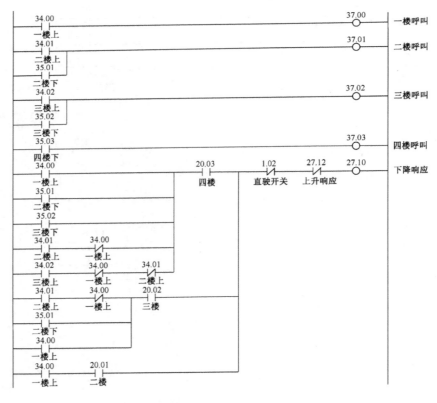

图 4-59　下行定向控制梯形图

4. 轿厢上升、下降控制

轿厢上升与下降由上升状态和下降状态触发，也可以在手动状态下由慢上、慢下按钮触发，梯形图如图 4-60 所示。

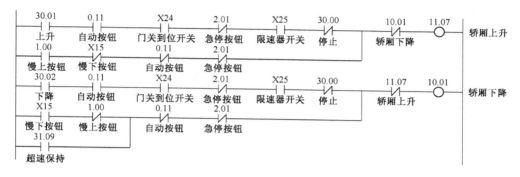

图 4-60　轿厢上升、下降控制梯形图

5. 电梯速度控制

电梯轿厢的速度控制是通过 PLC 输出点 11.05、11.06 的信号对松下 VF-CN1 变频器的 S1、S2 控制端子进行控制实现的，梯形图如图 4-61 所示。

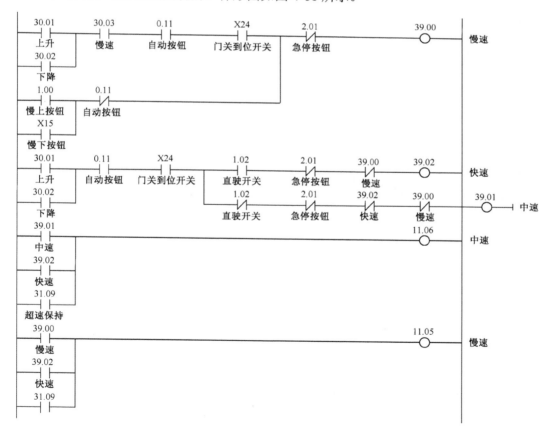

图 4-61　电梯速度控制

6. 开门、关门控制

当电梯到达指定楼层时，电梯门自动打开，经过 2.5s 后自动关闭。如果使用开/关门按钮，可手动打开/关闭。

开门程序：电梯只有到达指定楼层且满足开门条件才能自动开门。例如，如果三层有上行呼梯，只有在电梯上行至三层，三楼平层 32.04 为 ON，才可以开门；当电梯下行至该层，如果一、二层有呼梯信号，则电梯在三层不开门，继续下行。如果低层无呼梯，则开门。30.08 分别表示开门触发，电梯开门梯形图如图 4-62 所示。

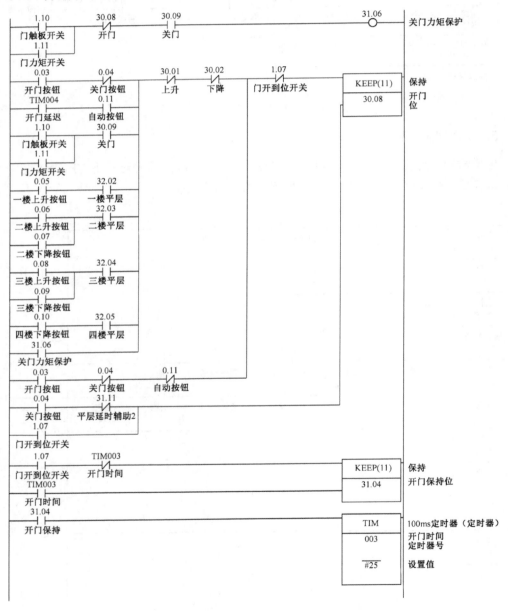

图 4-62 轿厢开门梯形图

使用定时器 TIM003 实现厢门打开 2.5s 后自动关闭。在轿厢内也可以通过关门按钮手动关门。当关门限位开关为 ON 时，关门动作停止。关门梯形图如图 4-63 所示。

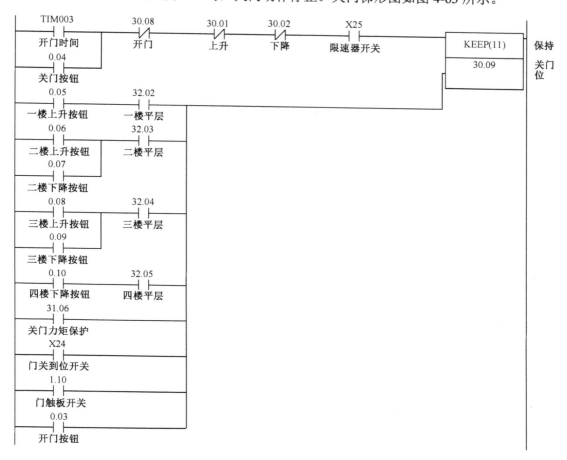

图 4-63　轿厢关门梯形图

4.4.5　程序录入

1. 建立新工程

首先建立新工程，命名为"电梯控制系统"，如图 4-64 所示。

2. 程序录入

下面仅介绍新指令录入方法。

（1）楼层指示程序

根据楼层指示程序录入。

二进制递增"++"指令录入按键：I→ ++ →空格→ D0 →空格→回车。

（2）旋转编码器定位控制程序

根据旋转编码器定位控制程序录入。

高速计数器 PV 读指令 PRV 录入按键：PRV →空格→ 0 →空格→ 0 →空格→ DM944 →回车。

图 4-64　建立新工程

BCD-BIN 双字转换指令 BINL 录入按键：BINL→空格→DM944→空格→DM940→回车。

模式控制指令 INI 录入按键：INI→空格→0→空格→2→DM8→回车。

双子比较指令 CMPL 录入按键：CMPL→空格→DM944→空格→DM900→回车。

保持 KEEP 指令录入按键：I→KEEP→空格→W200.10→回车。

KEEP 指令梯形图的输入顺序是：置位输入→KEEP 指令→复位输入

（3）电梯的上下行判断

根据电梯上下行判断程序录入。

（4）轿厢上升、下降控制

根据电梯的上升、下降控制程序录入。

（5）电梯速度控制

根据电梯速度控制程序录入。

（6）开关门处理程序

根据开关门处理程序录入。

4.4.6　触摸屏监控画面制作

打开 CX-Designer 编程软件，单击新建项目。在弹出的对话框中设置 PT 型号为
NS5-SQ1[]-V2，系统版本选择 8.2，如图 4-65 所示。

单击"确认"按钮，进入 Page0000 号屏幕画面的编辑界面。

1."进入系统"画面

首先设计"电梯监控系统"进入系统画面。进入系统画面显示的内容是：电梯图片、

进入系统指示按钮等，如图 4-66 所示。

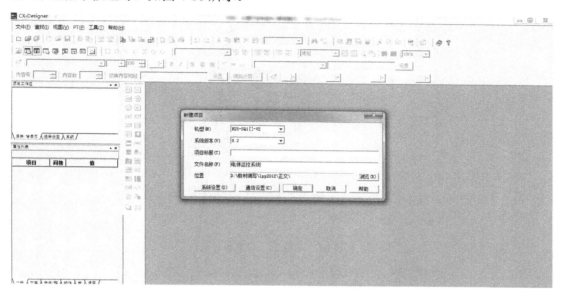

图 4-65 建立新项目

制作过程如下。

① 调用"标签"对象。单击工具条"标签"图标，在屏幕上方放置。双击标签对象设置标签属性，在标签一栏中输入文字"欢迎进入电梯监控系统"，如图 4-67 所示，单击"确定"完成设置。

② 调用"位图"对象。单击工具条"位图"图标，在屏幕中央放置位图对象。双击该位图对象，弹出"位图对话框"，在"一般"选项卡页中的"显示文件"右侧单击"浏览…"按钮，选择电梯图像文件，单击"确定"按钮，关闭提示，最后单击"位图"对话框中的"确定"按钮，完成设置，如图 4-68 所示。

图 4-66 "进入系统"画面

③ 调用"命令按钮"对象。单击工具条"命令按钮"图标，在屏幕下方放置"命令按钮对象"。双击该命令按钮对象，定义标签为"进入系统"，在"一般"属性设置中，功能选为"切换屏幕"，指定屏幕选择切换到监控主画面 Page0001 中。这样，只要单击"进入系统"切换按钮，触摸屏画面切换到监控主画面 Page0001 画面，如图 4-69 所示。同理设计"功能说明"按钮。

2．"功能说明"画面

"功能说明"画面显示的内容是：系统文字说明、返回 Page0000 画面的按钮，如图 4-70 所示。

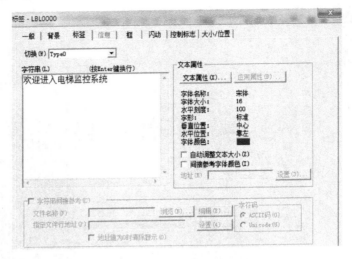

图 4-67 "标签"对象设计

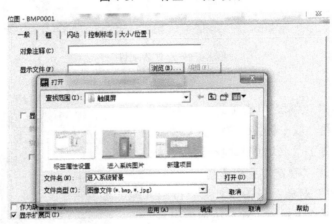

图 4-68 "位图"对象设计

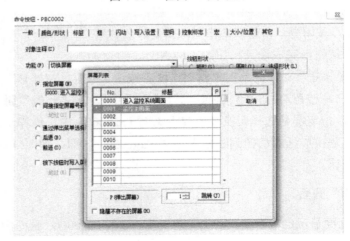

图 4-69 "命令按钮"对象设计

首先双击项目工作区中的"功能说明"画面，使之成为当前编辑画面。画面设计过程如下。

① 调用"内容显示"对象。单击工具条"内容显示"图标，在屏幕中央放置内容显示对象。单击"内容显示"对象，按空格键，录入功能说明内容；鼠标左键单击外围区域，退出文字编辑画面，再双击该"内容显示"对象，垂直滚动条选为"使用"，如图 4-71 所示。

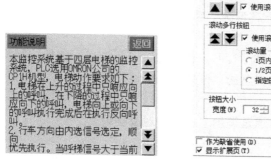

图 4-70 "功能说明"画面　　　　　　　　图 4-71 "内容显示"对象设计

② 调用"命令按钮"对象，设计"返回"按钮。

3. "监控系统"画面

"监控系统"画面显示的内容是：系统运行、系统停运、手动监控画面、自动监控画面、返回主界面等，如图 4-72 所示。

设计过程如下。调用"ON/OFF 按钮"对象，设计启动"系统按钮"和"系统停止"按钮，调用"命令按钮"对象，设计"监控画面"按钮和"返回主界面按钮"。

4. 监控系统主画面的设计

监控系统主画面显示的内容是：呼梯信号显示、楼层信号显示、开关门动作显示、电梯上下行状态显示灯、轿厢内选按钮、楼层呼梯按钮等，如图 4-73 所示。

图 4-72 "监控系统"画面

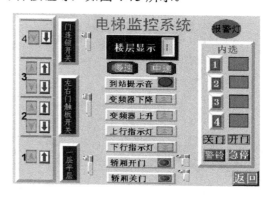

图 4-73 监控系统主画面

设计过程如下。

（1）控制按钮

电梯监控系统中的按钮主要包括系统的启动与停止按钮、轿厢内选按钮、轿外召唤按钮、手动开关门按钮等，在监控过程中通过按钮颜色变化，观察电梯运行情况。项目中的一层平层感应器、左右门触板开关以及门连锁开关，可以点击动作，在本设计可以通过调用"ON/OFF 按钮"对象实现。

（2）呼叫指示灯

电梯的呼叫指示灯有内呼指示、外呼指示两种，而外呼指示灯又分为外上呼与外下呼，在监控过程中，通过指示灯颜色变化可以监控呼梯情况。本设计通过调用"位灯"对象实现。

（3）电梯运行状态指示

电梯运行状态在画面上用箭头表示。当电梯运行时，由电梯上下行的运行信号控制箭头的颜色变化来指示电梯运行。箭头采用工具栏里的"位灯"对象设计。

（4）开关门状态指示灯

使用灯的亮与灭表示电梯开关门状态，可通过调用"位灯"对象实现。

（5）其他状态

使用"位灯"对象表示变频器、报警灯、到站提示音以及电梯的慢速、中速运行等工作状态。

（6）电梯楼层指示

使用数字显示和输入对象，实现楼层显示，设置方法如图 4-74 所示。

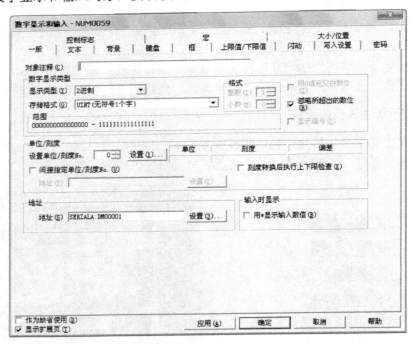

图 4-74　使用数字显示和输入对象画面

5. 手动监控画面的设计

① 使用 ON/OFF 功能对象，设置手动/自动按钮、超速按钮、慢上按钮、慢下按钮、直驶开关等。

② 使用"位灯"对象，设置变频器上升、下降和上行、下降指示灯。

③ 使用"命令"按钮，设置"返回"按钮和"切换到自动画面"按钮。

设计完成如图 4-75 所示。

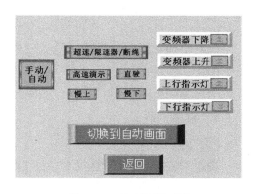

图 4-75　手动监控画面

4.4.7　在线联合仿真调试

程序录入完成，且触摸屏监控画面制作完成后，就可以进行程序和触摸屏联合仿真调试了。步骤如下。

① 打开触摸屏监控画面。

② 打开电梯控制系统程序，在编辑状态下，单击下拉菜单"模拟"，选择"启动 PLC-PT 整体模拟"，出现如图 4-76 所示整体模拟调试界面。

③ 单击"功能说明"按钮，进入功能说明画面，阅读相关信息，以便操作者使用，单击"返回按钮"返回上一界面，如图 4-77 所示。

④ 单击"进入系统"按钮，进入电梯监控系统画面，如图 4-76 所示。

⑤ 单击"系统运行"后，单击"监控画面"，进入仿真监控，如图 4-78 所示。

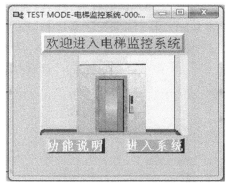

图 4-76　整体模拟调试界面

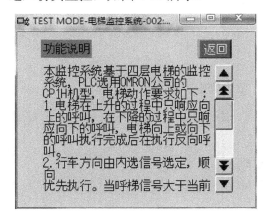

图 4-77　模拟调试——功能说明画面

图 4-78　模拟调试——监控画面

⑥ 按照监控系统功能说明进行仿真操作。

⑦ 单击"返回"按钮，返回触摸屏仿真界面。单击"系统停运"按钮，停止仿真。

⑧ 仿真过程中若发现问题，进行程序或触摸屏监控画面修改，直至所有问题解决。

4.4.8 联机调试与故障排除

在联机调试之前，要逐项检查硬件接线，保证所有接线正确。教师检查无误后，进行下步操作。

闭合 QS1。全部电器带电，注意安全！

1. 程序下载

（1）PLC 程序下载

通过 USB 电缆将计算机连接到 PLC 上。程序下载操作过程与前面项目相同。

（2）触摸屏监控画面下载

① 将 XM2S-09 电缆一端接至触摸屏背面的"PORT A"端口，另一端接至 PLC 的"COMM"通信端口。

② 使用 USB 电缆将计算机连接至触摸屏背面的 USB 端口。

③ 打开"电梯控制系统"监控画面程序。

④ 单击 PT（P）下拉菜单，选择"传输"→"快速传输"，如图 4-79 所示。

⑤ 单击"快速传输"，出现如图 4-80 所示传输对话框，选择"是（Y）"，开始传输。

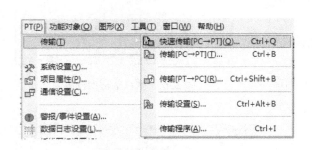

图 4-79　传输下拉菜单　　　　　　　　　图 4-80　传输对话框

⑥ 传输结束后，出现如图 4-81 所示对话框，按"确定"结束。

2. 联机调试

（1）轿厢当前位置数据清零

电梯长时间处于断电状态，轿厢的当前位置数据有时候会丢失，此时需要将电梯轿厢开到一层平层位置，计数器清零。具体操作过程如下。

① 将电梯轿厢控制器的开关设置成"手动+直驶"，按下"慢下"按钮，轿厢下行，快到一层平层时，听到平层铃声后，快速释放"慢下"按钮，轿厢处于一层平层位置停止。

② 将电梯轿厢控制器的开关设置成"手动+直驶+急停"，听到平层铃声一响，当前数

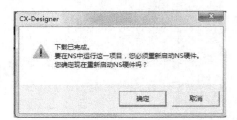

图 4-81　传输结束对话框

据清零。

③ 顺序将电梯轿厢控制器的开关设置成"自动+非直驶+非急停",电梯会自动开关门一次,电梯进入自动运行模式。按其他任意楼层呼梯按钮,电梯自动到达该层,并自动开门。

（2）自动开门

当电梯慢速平层,经过平层延迟后,门机动作,自动开门。当门开到位时,门开到位开关动作,门机停止工作。

（3）手动关门

电梯自动开门后,经过 2～4s 延时,门电机向关门方向运转。当门关到位时,门关到位开关动作,门机停止工作。

（4）手动开门、关门

轿厢停站并平层时,操作开门按钮或关门按钮,电梯会立即开门或关门。长期按住不放,将保持开门或关门状态。操作轿厢当前停站楼层召唤按钮,会自动开门,长按不放将保持开门状态。电梯未平层或正在运行时,开门按钮和关门按钮均不起作用。

（5）自动平层

轿厢所在位置由 PLC 的高速计数器端口采集旋转编码器的脉冲信号决定。轿厢上升时脉冲计数增加,轿厢下降时脉冲计数减少。根据事先设定的轿厢在各楼层的脉冲数,与轿厢实际的脉冲计数比较,自动判断是否平层。

（6）外呼梯信号响应

楼层召唤按钮的外呼梯信号到来时,轿厢响应该呼梯信号,到达该楼层时,轿厢停止运行,轿门、层门打开,延时自动关闭。

（7）内呼梯信号响应

轿厢控制器楼层选择按钮的内呼梯信号到来时,轿厢响应该呼梯信号,到达该楼层时,轿厢停止运行,轿厢层门打开,延时自动关闭。

（8）顺向响应轿内呼梯信号

电梯 PLC 会登记所有各层召唤按钮的上下呼梯指令及轿厢内的层选信号,并且按照各按钮指示灯显示登记情况,自动判断各指令和当前电梯运行方向是否一致。方向一致时,就会到达该层站停靠。一直运行到最远的层站后,判断是否有反向召唤指令,若有就会执行另一个方向的顺向呼梯指令,每次执行完停站任务后,就会消除该层在当前方向召唤的指示灯。

（9）最远端反向外呼梯响应功能

电梯具有最远端反向外呼梯响应功能。例如,电梯轿厢停靠在一楼,而同时有二楼向下外呼梯,三层向下外呼梯,四层向下外呼梯,则电梯轿厢先去四楼响应四楼的呼梯信号,然后依次响应三楼、二楼的呼梯信号。

（10）安全触板保护

在轿厢门关闭过程中,如触及到安全触板,门安全触板开关就会动作,门电机立即反转,重新打开门。

（11）层门联锁保护

在电梯运行过程中,轿厢未达到平层位置时,1～4 层门打开,则轿厢停止运行,电梯报警;如果轿厢处于平层位置时,轿门关闭,1～4 层门打开,电梯报警。

（12）自动/检修状态

在轿厢控制器上设有一个自动/手动开关，当开关打到自动位置时，电梯将根据指令信号自动运行，当开关置于手动位置时，则电梯由专人操作运行或检修。

（13）慢上、慢下

轿厢控制器上自动/手动开关打到手动位置时，按下慢上、慢下按钮可以使轿厢点动慢速上下运行。

（14）直驶

当按下直驶开关，则电梯只响应轿厢内指令信号，不响应楼层召唤信号。

（15）电梯急停

当电梯发生紧急情况时，按下轿厢控制器上的急停开关，电梯紧急制动，停止运行。

（16）照明与风扇

轿厢控制器上设有照明、风扇开关，可以控制照明灯及风扇。

（17）电梯控制系统运行/停运控制

通过系统启动按钮 SB1 和系统停止按钮 SB2 可以启动和停止电梯控制系统，通过使用触摸屏也可以控制电梯控制系统，控制方法与在线仿真调试相同。

（18）调试运行

根据电梯所在楼层，发出呼梯指令，观察电梯运行状况。

控制指令的发出可以通过电梯模型的按钮触发，也可以通过触摸屏的呼梯按钮实现。

（19）电梯控制系统运行监控

观察触摸屏显示屏显示状态或电梯模型运行状态，可以检查系统运行是否正常。

3．故障排除

通常，如果在线仿真调试程序运行正常，联机调试也不会出现故障。如果有故障，可能是接线不正确引起的。请断电后检查接线，直至故障排除，故障记录表见表 4-20。

表 4-20　项目 4 故障记录表

序号	故　障　现　象	故　障　分　析	排　除　方　法
1	电梯关门后，不能运行		
2	轿厢内无法选层一楼		
3	三楼总是停车平层，没有呼梯、停层信号		
4	电梯不响应直驶指令		
5	二楼向上无法选层，即不响应上行呼梯指令		
6	警铃长鸣，电梯停止运行		
7	电机不能运行有嗡鸣声、不转动，制动器抱闸不能打开		
8	电梯所有显示均熄灭，开门电机不响应开门指令		
9	电梯无法关门		

序号	故 障 现 象	故 障 分 析	排 除 方 法
10	电梯不能手动开门		
11	电梯不能手动关门		
12	轿厢上行时，二楼总停层		
13	安全触板夹人后，门不能自动打开，保护失效		
14	所有楼层指示不正确		
15	电梯不能下降运行		
16	电梯不能上升运行		
17	电梯不能开门		
18	电梯不能关门		
19	轿门不响应开门指令		
20	轿门关到位后又打开		
21	轿厢开门后，不能自动关门		
22	电梯不响应关门指令		
23	所有按钮均无效，报警长鸣		

想一想　电梯控制系统设计

① 你是按照什么步骤完成电梯控制系统设计的？设计过程中遇到了什么难题？如何解决的？

② 若楼层增加，则 PLC 的 I/O 点数会如何变化？

③ 若电梯只在偶数层停靠，则梯形图该如何改变？

④ 在本系统的触摸屏画面设计过程中，用到了哪几类元件？数码管显示设计是否可以采用"字灯"实现？为什么？

查一查　课外信息

① 查阅电梯相关资料，了解电梯门机的调速如何实现？曳引机的调速如何实现？

② 查阅 CX-Designer 软件监控画面编辑方法资料，设计较复杂触摸屏画面。

③ 查阅相关资料，了解电梯集选控制相关知识，两台电梯并联，应遵循什么运行原则？

任务 5　项目评价

4.5.1　项目实施任务单

填写表 4-21。

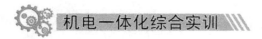

表 4-21　项目 4 实施任务单

组号		成员			得分	
一、任务分析	1. 阅读控制要求，分析输入/输出并总结控制要点 （1） （2） （3） （4） （5） （6） （7） （8） 2. 分配地址，完成 I/O 分配表 3. 绘制工作流程图时出现的问题 （1） （2） （3） （4） （5） （6） （7） （8） （9）					
二、工作职责 与分工	在工作实施时岗位的分工轮换情况					
	组员 A			组员 B		
三、任务实施	1. 绘制 SFC 图时出现的问题，及 SFC 图勘误					
	2. 在 CX-Programmer 软件中编写梯形图（注意停止条件的添加）。在录入中出现的问题 （1） （2） （3） （4） （5）					
	3. 在线仿真 出现问题　　　　　　　　　　解决方法					
	4. PLC 程序的下载 PLC 程序下载时出现的问题及解决方法					
四、知识拓展						

4.5.2 项目实施评价表

填写表 4-22。

表 4-22 项目 4 实施评价表

班级			姓名		组号		成绩	
工序	实施记录		教师评价	评价内容			自评	互评
一、I/O 分配表 （15 分）	完成时间			1. 能完成输入/输出点数的分析 2. 能完整填写出 I/O 分配表 3. 能将输入/输出点与对应的 SFC 的状态结合，能说出 PT 的输入/输出对应状态				
	输入点数							
	输出点数							
二、流程图及 SFC 图（25 分）	完成时间			1. 能绘制出流程图，且流程图合理，状态和转换条件准确 2. 能对应流程图绘制出 SFC 图、状态步，转换条件和输出动作准确 3. SFC 图绘制格式规范				
	流程图绘制计时							
	流程图绘制准确							
	状态数							
	转换条件确定情况							
	规范程度							
三、梯形图 （30 分）	完成时间			1. 能根据 SFC 图转换成梯形图 2. 能使用 CX-Programmer 软件录入检查程序 3. 正确添加停止条件				
	步数							
	逻辑错误数							
	停止条件正确							
四、PT 联合调试 （20 分）	完成时间			1. 完成触摸屏画面的制作，结合 I/O 表正确填入地址 2. 触摸屏画面美观规范 3. 能完成 PLC 和触摸屏程序的顺利下载与调试 4. 能实现机械手控制功能				
	PT 画面评价							
	程序顺利下载							
	能否完成功能							
五、其他（10 分）	1. 自觉遵守 6S 管理规范，尤其遵守实训室安全规范							
	2. 自我约束力较强，小组成员间能良好沟通，团结协作完成工作							
	3. 能自主学习相关知识，有钻研和创新精神							
	4. 对自己及他人的评价客观、真诚，真实反映实际情况							

4.5.3 项目评价表

填写表 4-23。

表 4-23 项目 4 评价表

考核项目		考核内容		项目分值	自我评价	小组评价	教师评价
专业能力60%		1. 工作准备的质量评估	（1）器材和工具、仪表的准备数量是否齐全与检验的方法是否正确 （2）辅助材料准备的质量和数量是否适用 （3）工作周围环境布置是否合理、安全	10			
		2. 工作过程各个环节的质量评估	（1）工作顺序安排是否合理 （2）计算机编程软件使用是否正确 （3）图纸设计是否正确规范 （4）导线的连接是否能够安全载流、绝缘是否安全可靠、放置是否合适 （5）安全措施是否到位	20			
		3. 工作成果的质量评估	（1）程序设计是否功能齐全 （2）电器安装位置是否合理、规范 （3）程序调试方法是否正确 （4）环境是否整洁干净 （5）其他物品是否在工作中遭到损坏 （6）整体效果是否美观	30			
	综合能力40%	信息收集能力	基础理论收集和处理信息的能力；独立分析和思考问题的能力	10			
		交流沟通能力	编程设计、安装、调试总结 梯形图程序设计方案	10			
		分析问题能力	梯形图程序设计、安装接线、联机调试基本思路、基本方法研讨 工作过程中处理程序设计	10			
		团结协作能力	小组中分工协作、团结合作能力	10			
备注		强调项目成员注意安全规程及行业标准，本项目可以小组或个人形式完成。					

项目验收后，即可交付用户。

项目 4 测评

1. 选择题

（1）欧姆龙 CPM2A 是一种用于实现高速处理、高功能的程序一体化型 PLC，与 CPU 单元最多可连接的扩展单元个数是（　　）。

    A．2　　　　　　　B．3　　　　　　　C．4　　　　　　　D．5

（2）（　　）、AR 区、计数器区和读/写 DM 区的内容由 CPU 单元的电池供电。如果电池被拆卸或失效，这些区内容将丢失并且恢复默认值。

    A．LR　　　　　　B．SR　　　　　　C．TR　　　　　　D．HR

（3）CPM2A CPU 单元有 5 个点可用于高速计数器，其中一个点用于最大响应频率为（　　）的高速计数器。

    A．5kHz　　　　　B．10kHz　　　　　C．20kHz　　　　　D．25kHz

（4）CPM2A 高速计数器采用 Z 项信号+软件复位的方式时，当（　　）为 ON 状态时，计数器复位。

    A．IR00001　　　　　　　　　　　B．IR00002

    C．SR25200　　　　　　　　　　　D．IR00002、SR25200

（5）执行 ADDL 指令后，当结果大于（　　）时，进位标志 CY 置 ON。

    A．99　　　　　　B．9999　　　　　C．999999　　　　　D．99999999

（6）关于 KEEP 指令，描述正确的是（　　）。

    A．置位条件优先　　　　　　　　B．复位条件优先

    C．指令不执行　　　　　　　　　D．不确定

（7）关于 KEEP 指令的梯形图的输入顺序是（　　）。

    A．置位输入→KEEP 指令→复位输入

    B．复位输入→KEEP 指令→置位输入

    C．KEEP 指令→置位输入→复位输入

    D．与输入顺序无关

（8）VF100 变频器通过（　　）参数实现运行指令选择。

    A．P001　　　　　B．P002　　　　　C．P003　　　　　D．P004

（9）增量式编码器是将（　　）信号转换为周期性的电信号。

    A．脉冲　　　　　B．转速　　　　　C．位置　　　　　D．电平

（10）E6B2-CWZ5B 型编码器的输出相不包括（　　）。

    A．A 相　　　　　B．B 相　　　　　C．Z 相　　　　　D．Y 相

（11）关于 NS 系列触摸屏描述不正确的是（　　）。

    A．具有宏功能

    B．支持多语言，一个项目最多可设 18 种语言

    C．具有密码保护功能，最多可设 5 级密码

D．具有仿真功能，触摸屏中的画面无需传入 PT 中即可仿真调试

（12）下列关于触摸屏的功能描述正确的是（　　　）。

A．监视系统与设备的运行状态

B．利用按钮等功能元素，通过 PLC 对开关量进行控制

C．及时报告设备的故障和解决方法

D．以上三种说法都正确

（13）PLC 主机的基本 I/O 口不可以直接连接（　　　）。

A．光电传感器　　B．行程开关　　C．温度传感器　　　　D．按钮开关

（14）"功能说明画面"显示的内容通过调用（　　　）对象实现。

A．内容显示　　　　　　　　B．信息显示

C．标签　　　　　　　　　　D．字符串显示与输入

（15）VF100 变频器的多段速功能选择参数为（　　　）

A．P033　　　　　B．P034　　　　C．P035　　　　　D．P36

2．判断题

（1）本电梯实训系统采用 PLC 和交流变频调速控制，通过 PLC 的输入端口采集信号实现准确平层。（　　）

（2）电梯轿厢在电梯井道里的运动，用 PLC 的 PWM 脉冲输出功能驱动变频器，由变频器控制交流电动机的速度来实现。（　　）

（3）CPM2A 内置高速计数器是一个基于对 CPU 单元的内置点 00000～00002 输入的计数器，中断输入（计数器模式）是基于对 CPU 单元的内置点 00003～00006 输入的计数器，因此其有 7 个点可用于高速计数器。（　　）

（4）CPM2A 高速计数器有差分相位输入、脉冲+方向、增/减输入 3 种输入模式。（　　）

（5）执行 BCD-BIN 转换指令，若 S 的内容不为 BCD 时，EQ 标志位为 ON。（　　）

（6）执行 BIN-BCD 转换指令，若 S 的内容转换后超过 9999 时，ER 标志位为 ON。（　　）

（7）如果以前的进位标志状态不需要的话，在执行 SUB（31）前一定要用 CLC（41）来清除，并在用 SUB（31）做减法后检查 CY 的状态。（　　）

（8）在执行 KEEP 指令时，置位输入和复位输入同时为 ON 时，置位输入优先。（　　）

（9）VF100 变频器接线时，必须保证将电源连接到输入端子 R、S、T 上，将电机连接到输出端子的 U、V、W 上，主回路必须在控制电路接线之前进行。（　　）

（10）VF100 变频器可通过操作面板和外控操作两种方法运行。（　　）

（11）E6B2-CWZ5B 型编码器的输出方式是 PNP 集电极开路输出。（　　）

（12）旋转编码器可分为增量式旋转编码器和绝对式旋转编码器。（　　）

（13）通过 PVR 指令可测定输入脉冲的频率。（　　）

（14）安全触板是一种防止在电梯门闭合过程中夹住人及物品的接触式保护装置，它由触板、控制杆和微动开关组成。（　　）

（15）一般电梯的呼梯原则是"顺向载人，反向不停，最远端优先"。（　　）

附录 CP1H系列PLC指令表

类别	助记符	功能说明	梯形图	操作数
时序输入指令	LD 读	逻辑起始，读取指定节点的 ON/OFF 内容		CIO、W、H、A、T、C、TR、DR、IR
	LD NOT 读非	表示逻辑起始，将指定节点的 ON/OFF 内容取反后读入		CIO、W、H、A、T、C、TR、DR、IR
	AND 与	取指定节点的 ON/OFF 内容与前面输入条件之间的与		CIO、W、H、A、T、C、DR、IR
	AND NOT 与非	对指定节点的 ON/OFF 内容取反，取与前面输入条件之间的与非		CIO、W、H、A、T、C、DR、IR
	OR 或	取指定节点的 ON/OFF 内容与前面输入条件之间的或		CIO、W、H、A、T、C、DR、IR
	OR NOT 或非	对指定节点的 ON/OFF 内容取反，取与前面输入条件之间的或非		CIO、W、H、A、T、C、DR、IR
	AND LD 块与	取电路块间的与		
	OR LD 块或	取电路块间的或		
	NOT 非	将输入条件取反		
时序输出指令	OUT 输出	将逻辑运算处理结果（输入条件）输出到指定节点		CIO、W、H、A、TR、DR、IR
	OUT NOT 输出非	将逻辑运算处理结果（输入条件）取反输出到指定节点		CIO、W、H、A、TR、DR、IR
	TR 临时继电器	在助记符程序中，用于对电路运行中的 ON/OFF 状态进行临时存储		
	KEEP 保持	进行保持继电器（自保持）的动作	R：继电器编号	CIO、W、H、A、DR、IR

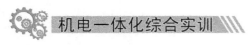

机电一体化综合实训

续表

类别	助记符	功能说明	梯形图	操作数
时序输出指令	DIFU 上升沿微分	输入信号的上升沿（OFF→ON）时，指定节点的1周期为ON	DIFU / R　R：继电器编号	CIO、W、H、A、DR、IR
	DIFD 下降沿微分	输入信号的下降沿（ON→OFF）时，指定节点的1周期为ON	DIFD / R　R：继电器编号	CIO、W、H、A、DR、IR
	SET 置位	输入条件为ON时，将指定的节点置于ON	SET / R　R：继电器编号	CIO、W、H、A、DR、IR
	RSET 复位	输入条件为ON时，将指定的节点置于OFF，进行复位	RSET / R　R：继电器编号	CIO、W、H、A、DR、IR
	SETA 多位置位	将连续指定位数的位置于ON	SETA / D / N1 / N2　D：置位低位CH编号 N1：置位开始位位置 N2：位数	CIO、W、H、A、T、C、D、DR、IR
	RSTA 多位复位	将连续指定位数的位置于OFF	RSTA / D / N1 / N2　D：置位低位CH编号 N1：置位开始位位置 N2：位数	CIO、W、H、A、T、C、D、DR、IR
时序控制指令	END 结束	一个程序的结束	END	
	NOP 无功能	不具备任何功能的指令，不进行程序处理		
	IL 互锁	如果输入条件为OFF，IL指令之后到ILC指令为止的输出将被互锁 IL指令和ILC指令成对	IL	
	ILC 互锁解除		ILC	
	JMP 转移	JMP指令的输入条件为OFF时，直接转移到JME指令	JMP / N　N：转移编号	CIO、W、H、A、T、C、D、DR、IR
	JME 转移结束	JMP指令与JME指令配套使用	JME / N　N：转移编号	
	FOR 重复开始	对FOR指令至NEXT指令间的程序无条件地进行指定次数的重复	FOR / N　N：循环重复次数	CIO、W、H、A、T、C、D、DR、IR
	NEXT 重复结束	FOR指令和NEXT指令配套使用	NEXT	
定时器/计数器指令	TIM 定时器	进行减法式接通延迟0.1s单位的定时器动作	TIM / N / S　N：定时器编号 S：定时器设定值	CIO、W、H、A、T、C、D、DR、IR
	TIMH 高速定时器	进行减法式接通延迟10ms（0.01s）单位定时器动作	TIMH / N / S　N：定时器编号 S：定时器设定值	CIO、W、H、A、T、C、D、DR、IR

202

类别	助记符	功能说明	梯形图	操作数
定时器/计数器指令	TTIM 累计定时器	进行累计式接通延迟，以100ms（0.1s）为单位的定时器动作	定时器输入 ┤├ TTIM / N / S 复位输入 N：定时器编号 S：定时器设定值	CIO、W、H、A、T、C、D、DR、IR
	CNT 计数器	进行减法计数的动作	计数器输入 ┤├ CNT / N / S 复位输入 N：计数器编号 S：计数器设定值	CIO、W、H、A、T、C、D、DR、IR
	CNTR 可逆计数器	进行加减法计数的动作	加法计数 CNTR / N / S 减法计数 复位输入 N：计数器编号 S：计数器设定值	CIO、W、H、A、T、C、D、DR、IR
	CNR 定时器/计数器复位	对指定范围的定时器/计数器的到时标志进行复位	CNR / D1 / D2 D1：定时器/计数器编号1 D2：定时器/计数器编号2	C、T、DR、IR
数据比较指令	=、<>、<、≤、>、≥ 符号比较	对2个CH数据或常数进行无符号或带符号的比较，比较结果为真时，连接到下一段之后	─ 符号·选项 ─ / S1 / S2 S1：比较数据1 S2：比较数据2	CIO、W、H、A、T、C、D、DR、IR
	CMP 无符号比较	对2个CH数据或常数进行无符号BIN 16位（16进制4位）比较，将比较结果反映到状态标志中	CMP / S1 / S2 S1：比较数据1 S2：比较数据2	CIO、W、H、A、T、C、D、DR、IR
	CPS 带符号BIN比较	对2个CH数据或常数进行带符号BIN 16位（将最高位的位作为符号位的16进制4位）比较，比较结果反映到状态标志位中	CPS / S1 / S2 S1：比较数据1 S2：比较数据2	CIO、W、H、A、T、C、D、DR、IR
	ZCP 区域比较	对指定的1个CH数据或常数是否在指定的上限值和下限值之间进行无符号BIN 16位（16进制4位）的比较，将比较结果反映在状态标志	ZCP / S / T1 / T2 S：比较数据（1CH数据） T1：下限值 T2：上限值	CIO、W、H、A、T、C、D、DR、IR
数据传送指令	MOV 传送	将CH数据或常数以16位输出至传送目的地CH	MOV / S / D S：传送数据 D：传送目的地CH编号	CIO、W、H、A、T、C、D、DR、IR
	MVN 否定传送	将CH数据或常数的位取反数，以16位为单位输出到指定的CH	MVN / S / D S：传送数据 D：传送目的地CH编号	CIO、W、H、A、T、C、D、DR、IR
	MOVB 位传送	传送指定位	MOVB / S / C / D S：传送源CH编号 C：控制数据 D：传送目的地CH编号	CIO、W、H、A、T、C、D、DR、IR

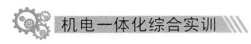

续表

类别	助记符	功能说明	梯形图	操作数
数据传送指令	MOVD 数字传送	以位（4位）单位进行传送，也可进行多个位的传送	MOVD / S / C / D — S：传送源CH编号 C：控制数据 D：传送目的地CH编号	CIO、W、H、A、T、C、D、DR、IR
	XCHG 数据交换	以16位为单位交换CH间的数据	XCHG / D1 / D2 — D1：交换CH编号1 D2：交换CH编号2	CIO、W、H、A、T、C、D、DR、IR
数据移位指令	SFT 移位寄存器	进行移位寄存器的动作	数据输入 移位信号输入 复位输入 SFT / D1 / D2 — D1：移位低位CH编号 D2：移位高位CH编号	CIO、W、H、A、DR、IR
	SFTR 左右移位寄存器	进行移位方向可以切换的移位寄存器动作	SFTR / C / D1 / D2 — C：控制数据 D1：移位低位CH编号 D2：移位高位CH编号	CIO、W、H、A、T、C、D、DR、IR
	ROL 带CY左循环一位	对16位的通道数据包括进位（CY）标志在内进行左循环移位	ROL / D — D：移位CH编号	CIO、W、H、A、T、C、D、DR、IR
	ROR 带CY右循环一位	对16位的通道数据包括进位（CY）标志在内进行右循环移位	ROR / D — D：移位低位CH编号	CIO、W、H、A、T、C、D、DR、IR
四则运算指令	+B BCD加法	对通道数据和常数进行BCD 4位加法运算	+B / S1 / S2 / D — S1：被加数 S2：加数 D：运算结果字	CIO、W、H、A、T、C、D、DR、IR
	−B BCD减法	对通道数据和常数进行BCD 4位减法运算	−B / S1 / S2 / D — S1：被减数 S2：减数 D：运算结果字	CIO、W、H、A、T、C、D、DR、IR
	*B BCD乘法	对通道数据和常数进行BCD 4位乘法运算	×B / S1 / S2 / D — S1：被乘数 S2：乘数 D：运算结果字	CIO、W、H、A、T、C、D、DR、IR
	/B BCD除法	对通道数据和常数进行BCD 4位除法运算	/B / S1 / S2 / D — S1：被除数 S2：除数 D：运算结果字	CIO、W、H、A、T、C、D、DR、IR
	++B BCD单字自加	在BCD 4位的1CH数据上加1	++B / D — D：数据源字	CIO、W、H、A、T、C、D、DR、IR

类别	助 记 符	功 能 说 明	梯 形 图	操 作 数
四则运算指令	−−B BCD单字自减	在 BCD 4 位的 1CH 数据上减 1	−−B D　　D：数据CH编号	CIO、W、H、 A、T、C、D、 DR、IR
数据转换指令	BIN BCD→BIN	将 BCD 数据转换为 BIN 数据	BIN S　　S：转换数据源字 D　　D：转换结果目的通道	CIO、W、H、 A、T、C、D、 DR、IR
	BCD BIN→BCD	将 BIN 数据转换为 BCD 数据	BCD S　　S：转换数据源字 D　　D：转换结果目的通道	CIO、W、H、 A、T、C、D、 DR、IR
	BINS 带符号 BCD→BIN	将带符号单字 BCD 数据转换为带符号 BIN 数据	BINS C　　C：数据控制字 S　　S：转换数据源字 D　　D：转换结果输出字	CIO、W、H、 A、T、C、D、 DR、IR
	BCDS 带符号 BIN→BCD	将带符号 BIN 数据转换为符号 BCD 数据	BCDS C　　C：控制字 S　　S：转换源字 D　　D：结果字	CIO、W、H、 A、T、C、D、 DR、IR
	MLPX 4→16/8→ 256 解码器	读取指定 CH 指定位（或指定字节），在指定 CH 相应位输出 1 在其他位输出 0	MLPX S　　S：转换数据源字 K　　K：控制字（位指定） D　　D：转换结果输出首字	CIO、W、H、 A、T、C、D、 DR、IR
	DMPX 16→4/256→8 解码器	读取指定 CH 的 16 位或 256 位中 ON 的最高位或最低位，输出到指定 CH 的指定位或指定字节	DMPX S　　S：转换数据低位CH编号 D　　D：转换结果输出CH编号 K　　K：转换数据（位指定）	CIO、W、H、 A、T、C、D、 DR、IR
浮点运算指令	+F 浮点加法	进行指定的浮点数据（32 位）的加法运算，将结果输出到指定通道	+F S1　　S1：被加数浮点数据首字 S2　　S2：加数浮点数据首字 D　　D：运算结果输出首字	CIO、W、H、 A、T、C、D、 DR、IR
	−F 浮点减法	进行指定的浮点数据（32 位）的减法运算，将结果输出到指定通道	−F S1　　S1：被减数浮点数据首字 S2　　S2：减数浮点数据首字 D　　D：运算结果输出首字	CIO、W、H、 A、T、C、D、 DR、IR
	*F 浮点乘法	进行指定的浮点数据（32 位）的乘法运算，将结果输出到指定通道	×F S1　　S1：被乘数浮点数据首字 S2　　S2：乘数浮点数据首字 D　　D：运算结果输出首字	CIO、W、H、 A、T、C、D、 DR、IR
	/F 浮点除法	进行指定的浮点数据（32 位）的除法运算，将结果输出到指定通道	/F S1　　S1：被除数浮点数据首字 S2　　S2：除数浮点数据首字 D　　D：运算结果输出首字	CIO、W、H、 A、T、C、D、 DR、IR

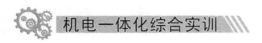

类别	助记符	功能说明	梯形图	操作数
7段显示指令	SDEC 7段解码器	将通道数据指定位的各4位内容(0~F)转换为8位的7段数据，输出指定CH之后的高位或低位的各8位	SDEC / S / K / D S：变换数据CH编号 K：指定位数据 D：变换结果输出低位CH编号	CIO、W、H、A、T、C、D、DR、IR
	7SEG 7段显示	将4位或8位数值（BCD数据）转换成7段显示器用数据，输出到指定CH之后	7SEG / S / O / C / D S：表示数据保存开始CH编号 O：数据输出/锁定输出保存CH编号 C：表示位数、输出逻辑选择数据 D：工作区域开始CH编号	CIO、W、H、A、T、C、D、DR、IR
数据控制指令	PID PID运算	根据指定的参数进行PID运算	PID / S / C / D S：测定值输入CH编号 C：PID参数保存低位CH编号 D：操作量输出CH编号	CIO、W、H、A、T、C、D、DR、IR
	PIDAT 带自整定PID运算	根据指定的参数进行PID运算，可以执行PID常数的自整定（AT）	PIDAT / S / C / D S：测定值输入CH编号 C：PID参数保存低位CH编号 D：操作量输出CH编号	CIO、W、H、A、T、C、D、DR、IR
	LMT 上下限限位控制	根据输入数据是否位于上下限限位数据的范围内来控制输出数据	LMT / S / C / D S：输入CH编号 C：限位数据低位CH编号 D：输出CH编号	CIO、W、H、A、T、C、D、DR、IR
子程序指令	SBS 子程序调用	调用指定编号的子程序，执行程序	SBS / N N：子程序编号	
	SBN 子程序进入	显示指定编号的子程序开始，在RET指令和设置中使用，定义子程序区域	SBN / N N：子程序编号	
	RET 子程序回送	表示子程序的结束，在SBN指令和设置中使用，定义子程序区域	RET	
中断控制指令	MSKS 中断屏蔽设置	对是否能执行输入中断任务及定时中断任务进行控制	MSKS / N / S N：控制数据1 S：控制数据2	CIO、W、H、A、T、C、D、DR、IR
	MSKR 中断屏蔽前导	读取通过MSKS指令指定的中断控制的状态	MSKR / N / D N：控制数据 D：输出CH编号	CIO、W、H、A、T、C、D、DR、IR

类别	助记符	功能说明	梯形图	操作数
	CLI 中断解除	进行输入中断原因的记忆解除/保持、定时中断的初次中断开始时间的设定、高速计数中断原因的记忆解除/保持	CLI N S N：控制数据1 S：控制数据2	CIO、W、H、A、T、C、D、DR、IR
	DI 中断执行禁止	禁止执行所有的中断任务	DI	
	EI 解除中断执行禁止	解除通过 DI 指令设定的所有中断任务的执行禁止	EI	
高速计数/脉冲输出指令	CTBL 比较表登录	对高速计数器 0～3 当前值进行目标值一致比较或区域比较，条件成立时执行 0～255 中断任务	CTBL C1 C2 S C1：端口编号 C2：控制数据 S：低位通道号	CIO0～6143、W0～511、H0～510、A448～959、T0～4095、C0～4095、D0～32767
	INI 动作模式控制	用于与高速计数器的比较表的比较开始/停止、高速计数器当前值变更、中断输入（计数器模式）当前值变更、脉冲输出控制等	INI C1 C2 S C1：端口编号 C2：控制数据 S：低位通道号	CIO、W、H0～510、A0～958、T、C、D、IR
	PRV 脉冲当前值读取	读取内置输入输出数据	PRV C1 C2 D C1：端口设定 C2：控制数据 D：当前值保存低位CH编号	CIO、W、H、A、T、C、D、DR、IR
	PRV2 脉冲频率转换	读取输入到高速计数器中的脉冲频率，转换成旋转速度或将计数器当前值转换成累计旋转数	PRV2 C1 C2 D C1：端口设定 C2：控制数据 D：当前值保存低位CH编号	CIO、W、H、A、T、C、D、DR、IR
	SPED 频率设定	按输出端口指定脉冲频率，输出无加减速脉冲	SPED C1 C2 S C1：端口设定 C2：输出端口 D：目标频率低位CH编号	CIO、W、H、A、T、C、D、DR、IR
	ACC 频率加减速控制	按输出端口指定来指定脉冲频率和加减速比率，进行有加减速的脉冲输出	ACC C1 C2 S C1：端口设定 C2：控制数据 D：脉冲输出量设定低位CH编号	CIO、W、H、A、T、C、D、DR、IR

参 考 文 献

[1] 林育兹，谢炎基. 变频器应用案例. 北京：高等教育出版社，2007.

[2] 吴亦峰，祖龙起. 可编程终端应用案例. 北京：高等教育出版社，2010.

[3] 戴一平. 可编程序控制器逻辑控制案例. 北京：高等教育出版社，2011.